COSME-

미용인을 위한
화장품학

TOLOGY

COSMETOLOGY FOR BEAUTICIANS

이지안
서경대학교 뷰티테라피 & 메이크업학과 교수

최선화
서경대학교 뷰티테라피 & 메이크업학과 교수
한국화장품전문가협회 대외협력분과 대표

최윤정
경민대학교 뷰티케어과 교수
한국화장품전문가협회 사무총장

미용인을 위한 **화장품학**

초판인쇄 | 2023년 7월 20일
초판발행 | 2023년 7월 31일

저자 | 이지안 · 최선화 · 최윤정
발행인 | 조규백
발행처 | 도서출판 구민사

전화 | (02) 701-7421(~2)
팩스 | (02) 3273-9642
홈페이지 | www.kuhminsa.co.kr

신고번호 | 제2012-000055호(1980년 2월 4일)
ISBN | 979-11-6875-258-0 (93590)

정가 | 25,000원

PREFACE

K-콘텐츠의 전 세계적인 열풍이 K-뷰티에도 영향을 미쳐 한국의 화장품 산업은 급속하게 발전하고 있다. 한국은 만년 화장품 수입국이었지만, 2000년대 들어 중국에서 한국 화장품이 선풍적인 인기를 끌면서 해외 진출을 시작하였고, 현재는 전 세계인들이 한국의 화장품을 찾고 있다.

이와 같은 상황으로 인해 화장품 관련 산업도 발전을 거듭하고 있으며, 화장품과 관련된 인력도 꾸준히 요구되고 있다. 이 책은 대학에서 화장품을 공부하는 학생 및 화장품에 관심이 있는 독자들을 대상으로 화장품에 대한 이론을 알기 쉽게 이해할 수 있고 활용할 수 있도록 구성하였다.

이 책의 구성은 다음과 같다.

1장 서론에서는 화장품의 역사, 화장품의 이해, 화장품과 피부에 대해서 설명하였다.

2장 화장품의 제형과 성분에서는 화장품 제형, 화장품의 주성분과 첨가성분에 대해서 설명하였다.

3장 기초화장품에서는 기초화장품의 필요성 및 사용 목적, 기초화장품의 종류, 기능성화장품에 대해서 설명하였다.

4장 메이크업화장품에서는 색과 메이크업, 퍼스널 컬러, 메이크업화장품의 구성에 대해서 설명하였다.

5장 모발화장품에서는 모발의 구조, 모발의 성장과 기능, 모발화장품 종류, 모발 기능성화장품에 대해서 설명하였다.

6장 방향화장품에서는 향의 기원, 방향화장품의 종류, 천연향의 추출 방법, 아로마 테라피에 대해서 설명하였다.

끝으로 이 책의 출판을 위해 적극적으로 도움을 주신 경복대학교 임상병리과 정예진님과 도서출판 구민사 조규백 대표님 및 직원 여러분께 깊은 감사를 드린다.

2023년 7월

저자 일동

서론 01

화장품의 제형과 성분

02

기초화장품

03

메이크업 화장품

04

05 모발화장품

방향화장품

06

서 론

1 화장품의 역사

1 한국의 화장품 역사

한국의 화장품 기원을 정확히 알 수는 없지만, 고대 단군신화에 나오는 식품이자 향료인 쑥과 마늘을 통해 가늠할 수 있다. 쑥과 마늘은 오늘날 혈액순환과 신진대사를 원활히 하는 식품이며, 미백에도 도움이 되는 미용 재료이다. 또한 고대유적물인 청동거울과 장신구들을 통해 화장을 하였음을 알 수 있다.

고구려(5 ~ 6세기)의 고분벽화에 연지화장을 통해 보편화되어 있음을 짐작할 수 있다.

백제는 중국문헌에 따르면 "분은 바르되 연지는 바르지 않았다"고 기록되었고, 일본의 "화한삼재도(和漢三才圖會)" 문헌에 "백제로부터 화장품의 제조기술과 화장기술을 받아들여 화장을 했다"는 기록으로 보아 높은 수준이었음을 추측할 수 있다.

신라시대에는 백분을 사용해 얼굴을 희게 보이게 하였고, 결점을 감출 수 있어서 널리 사용되었다. 한국을 지칭해 "백의민족"이라 하였듯이 흰빛, 흰색을 숭배하고 즐겼던 것을 알 수 있다. 백분의 분(粉)은 "쌀(米)"로 만든 "가루(分)"를 말한다. 또한 백분 만큼이나 연지화장을 즐겨 이마, 볼, 입술에 붉은 색깔의 연지를 발라 건강한 아름다움을 표현하였다.

고려시대 여성들은 연지는 사용하지 않고, 백분을 사용하였으며 가는 눈썹을 그리고, 향낭을 지니고 다녔다.

조선시대에는 상류층과 기생들을 중심으로 연지, 백분, 화장수와 향낭이 널리 사용되었다. 화장품의 일부는 중국 사신 등을 통해 한국에 들어왔고, 중기에는 연지, 백분을 돌아다니며 판매(방문

판매)하는 사람이 있었다. 특수계층의 여성들만 사용하던 화장품이 갑오경장(1894년) 이후로 보편화되기 시작하였다.

화장을 한국에서는 가식(假飾), "거짓 꾸밈"이라는 의미로 사용하였고, 미용적인 의미에서 화장을 "단장(丹粧)"이라 사용하였으며, 이때 일본에서 "화장(化粧)"과 "화장품(化粧品)"이라는 용어가 들어왔다.

1916년에 근대적 화장품이라 볼 수 있는 "박가분(朴家粉)"이라는 백분이 등장해 대단한 인기를 누렸다. "박가분(朴家粉)"은 피부의 부착성을 위해 사용한 납이 피부에 독성으로 나타났다.

우리나라 최초의 근대적 화장품인 박가분

1930년대 이후에 납이 첨가되지 않은 "서가분"과 "서울분"이라는 백분이 등장했으나 인기는 끌지 못했고, "구리무"라는 크림도 등장해 방물장수가 한 집 한 집 방문해 소분해 판매하였다.

1945년 해방 이후 사용된 화장품은 백분, 콜드크림, 바니싱크림, 포마드, 헤어토닉, 향수 등이 있다. 당시 콜드크림, 바니싱크림, 포마드는 1960년대까지 큰 인기를 누렸다. "만능크림"이라고도 불렸던 콜드크림(cold cream)은 유분 함량이 많은 것이 특징이며, '화장을 지울 때, 밑 화장 또는 마사지용 등 광범위하게 사용되었다. 현재의 마사지크림으로 보여진다. 바니싱크림(vanishing cream)은 진주 모양의 광택을 가진 유분이 적은 수분크림으로 얼굴, 목, 팔 등 광범위한 신체 부위에 사용되었다.

1960년대는 한국의 화장품산업이 본격화된 시기였다. 이때 사용된 화장품으로는 백분, 콜드크림, 바니싱크림, 화장수, 로션, 아스트린젠트, 마스카라, 립스틱, 파운데이션, 네일에나멜, 포마드, 콜드 퍼머약, 염모제, 오데코롱 등이 있었다. 화장의 흐름이 하얀 분화장에서 자연스러운 피부 표현으로 바뀌었고, 화장은 화장수 후에 파운데이션을 바르거나, 파운데이션 위에 분을 발랐다. 지성 피부의 경우엔 대부분 분을 사용하였다. 눈화장의 유행과 립스틱의 색상이 빨강, 핑크, 오렌지 등 다양하게 변화되었다. 메이크업 화장의 구색을 갖추기 시작하였고, 방문판매를 통한 화장품을 가정에서 손쉽게 구입할 수 있게 되었다. 또한 경제 성장과 함께 급격한 화장품 소비가 증가하였다.

1970년대 메이크업은 때(time)와 장소(place), 목적(object)에 적합한 화장을 해야 한다는 캠페인으로 소비패턴의 변화가 생겼다. 오데코롱 등 향수와 원색의 립스틱, 에나멜이 인기가 있었다. 이 시기는 현대적인 화장품의 기술로 도약하는 시기로 "토탈코디네이트"라는 말이 자주 등장하였으며 화장품 수출이 시작되었다.

1980년대는 대표적인 천연고분자 보습제로 히아루론산과 립스틱의 천연색소의 시대가 열리고 무향, 무색소 등 민감성 화장품이 개발되었다. 즉, 사람을 위한 노화억제(anti-aging)와 안전한 제품이 발전하였고, 대량생산이 가능하게 되었다.

1990년대는 화장품산업이 환경을 생각하는 것으로 바뀌어 진흙을 이용한 머드팩(mud pack)과 기능성 화장품인 레티놀(retinol)이 각광을 받았다. 또한 피부관리 등에 아로마테라피(aromatherapy)를 응용하였다. 모발 화장품은 1980년대에 퍼머넌트웨이브(permanent wave)가, 1990년대에는 헤어컬러링(hair coloring)이 유행하였다.

1999년 9월 7일에 약사법에서 화장품법이 분리되어 국민보건 향상과 화장품산업의 발전에 기여하고자 제정되었다.

2000년대부터는 고객 니즈(needs)의 필요에 의한 화장품으로 미백 화장품, 주름개선 화장품, 자외선 차단을 위한 기능성 제품들의 소비가 가속화되었다. 또한 화장품에 대한 소비자의 알 권리와 부작용에 대한 원인 규명, 안전한 원료 사용을 촉진하도록 시행된 화장품 전성분표시제(2008. 10. 18)가 시행되었다. 2017년 5월 30일부터는 더 다양한 기능성 화장품의 종류로 모발의 색상 변화 · 제거, 탈모 증상의 완화, 체모제거(화학적), 여드름성 피부 완화(세정용에 한함), 피부장벽에 도움이 되는 화장품 및 튼살(붉은 선)에 도움을 주는 화장품으로 확장되었다. 대한민국 뷰티산업의 발전은 2008년 미용사(피부), 2015년 미용사(네일), 2017년 미용사(메이크업), 2020년 3월에 시행된 "맞춤형 화장품 판매업"을 통해 확장된 뷰티산업을 엿볼 수 있다. 세분화된 뷰티산업의 발전은 전 세계적 K-뷰티의 열풍으로 이어지는 충분한 역할을 하였다.

2 세계 화장품의 역사

1_고대 이집트시대

인류 화장의 기원은 정확히 알 수 없으나 집단생활의 시작으로 화장을 했던 것으로 전해진다. 고대 이집트에서는 눈을 강조하는 화장과 곤충의 접근을 막기 위하여 코울(kohl)이라는 것을 사용하였다. 이집트인들은 더위로 인한 청결과 보호를 위해 남녀 모두 머리를 밀고 가발(마, 인모)을 썼으며, 목욕도 처음으로 시작된 것으로 보고 있으며 더운 기후 때문에 목욕과 향유가 발달하였다.

2_그리스와 로마시대

그리스인들은 '건강한 신체에 건강한 정신이 깃든다'고 생각했다. 인체의 균형을 중시하고 자연스런 메이크업을 추구했다. 의사 갈렌은 "콜드크림(cold cream)"을 만들어 피부의 수분증발을 막아주며 햇볕으로부터 보호해 주고, 바르는 순간 시원한 청량감을 느낄 수 있어 콜드크림이라 불렀다.

로마시대에 귀족층 여성을 중심으로 널리 유행되어 전성기를 이루었다. 화장술은 이집트 여인보다 더 정교했고, 상류계급 여성들은 색조화장을 선호하고 백연, 백묵, 석고 등으로 하얗게 화장을 하였다. 또한 목욕문화가 발달하고 공중목욕탕이 번성, 남성들도 화장을 하였고 목욕 후에 마사지를 즐기고 향유를 발랐다.

3_중세

중세는 로마의 멸망 후 기독교 금욕주의의 영향을 받아 여성들이 목욕과 화장을 하는 행위를 사회적 분위기로 죄악시 하는 바람에 화장 문화가 발전하지 못했다. 십자군 전쟁 이후 안티몬, 향유 등과 화장재료들로 다시 화장에 대한 관심이 생겨나게 되었다. 또한 비누가 대중화되면서 소규모의 비누 공장이 이탈리아, 스페인에 생겼다.

4_르네상스시대

전성기(16세기)부터 개인주의와 향락주의는 남성미, 여성미를 강조한 상류층에서 과도한 화장으로 나타났다. 엘리자베스 1세는 독신으로 통치 당시 최고의 번영을 누리고 사치에 돈을 아끼지 않았다. 이탈리아에서 유행하는 물건들과 화장법이 영향을 주어 얼굴에 두터운 분칠로 얼굴 표정을 알 수 없었다고 한다. 엘리자베스 1세의 화장은 궁중여성, 귀족부인들의 본보기가 되어 귀족사회에 유행되었다고 한다.

유럽은 마르코 폴로 등의 영향으로 인도와 동양의 문물을 접하게 되며, 팅크(tincture)를 만들어 쓰며 알코올과 증류법을 알게 되고, 이후(14세기 즈음)에 향수에 알코올이 정식으로 쓰이게 되었다고 한다.

5_바로크 및 로코코시대

대부분의 여성들은 하얗게 피부를 보이려 흰 파우더를 사용하고, 상류층의 여성들은 창백한 피부 표현을 위해 메이크업 베이스로 백연을 사용하였다. 여드름, 천연두의 얼굴 흔적을 위해 실크나 벨벳으로 만든 '뷰티 패치(beauty patch)'가 유행했다.

알코올의 증류법이 개발되어 화장수와 유사한 화장품을 사용하기 시작하였고, 향수 제조업은 프랑스(17~18세기)에서 크게 발전하여 향수산업에 밑거름이 되었고, 지금까지도 선두를 달리고 있다. 1800년대에 현대적 의미의 화장품이 등장하고 이발사, 조발사가 크게 자리잡았다.

1866년엔 독이 있는 납 성분 대신 산화아연의 개발로 변색되지 않고 안전하고 저렴한 가격으로 제조하게 되었다. 그 이후 이산화티타늄이 발견되고 새로운 성분의 화장품을 공급하였다

6_근대

20세기는 산업사회로 급격한 발전과 사회진출 여성이 늘어남에 따라 화장품은 여성의 필수품이 되었다. 1901년 마사지크림이 크게 유행하였고, 1907년 샴푸 생산, 1908년 매니큐어의 등장 등으로 본격적인 화장품 생산이 시작되었다.

1920년 짙은 화장의 유행과 의료기술을 이용한 성형수술을 선보이며 인공미인의 시대가 되었다. 1930년대에는 자외선 차단제품 개발로 인기를 모았고, 1935년 프랑스의 '랑콤'이 출시되었다.

1940년대 호르몬 크림 제조와 에어로졸 용기를 사용하기 시작하였다. 1943년 마스카라, 아이섀도, 아이라이너 펜슬 등 눈 주위에 포인트적인 화장이 유행하였다.

1970년대 건강한 피부에 관심을 가지며 이미지 메이킹을 하고 인식의 전환이 있었고, 베이지색상, 갈색, 주황색, 블루색 등이 주류를 이루었으며, 눈에 명암을 주는 화장이 유행하였다.

1990년대 중반 다시 두텁고 화려한 화장이 유행했지만, 개성을 중시한 화장을 즐기기 시작하였다.

2 화장품의 이해

1 화장품법(화장품법 제2조 1항)

"화장품"이란 인체를 청결·미화하여 매력을 더하고 용모를 밝게 변화시키거나 피부·모발의 건강을 유지 또는 증진하기 위하여 인체에 바르고 문지르거나 뿌리는 등 이와 유사한 방법으로 사용되는 물품으로서 인체에 대한 작용이 경미한 것을 말한다.

화장품법에 따른 영업의 종류

화장품 제조업, 화장품 책임판매업, 맞춤형화장품 판매업

1_화장품 제조업

① 직접 제조

② 위탁받아 제조

③ 1차 포장

2차 포장 또는 표시만의 공정을 행하는 자는 화장품 제조업을 등록할 필요가 없다.

- 1차 포장 : 내용물과 직접 접촉
- 2차 포장 : 1차 포장을 수용하는 포장과 보호재 및 표시 목적의 포장(첨부문서 포함)

2 화장품 책임판매업

① 직접 제조하여 유통·판매

② 위탁 제조하여 유통·판매

③ 수입된 화장품을 유통·판매

④ 수입대행형 거래를 목적(전자상거래만 해당)으로 화장품을 알선·수여

3 맞춤형 화장품판매업

① 화장품의 내용물에 다른 화장품의 내용물을 혼합한 화장품 판매

② 화장품의 내용물에 원료를 추가하여 혼합한 화장품 판매

③ 화장품의 내용물을 소분한 화장품을 판매

2 화장품법의 입법취지

화장품은 원래 약사법에서 의약품 등의 범위에 포함되어 의약품과 동등하거나 유사하게 규제되어 왔다. 하지만 시기적으로 외국화장품과의 동등한 경쟁여건 확보와 화장품의 특성에 부합되는 적절한 관리, 화장품산업의 경쟁력 배양을 위한 제도의 도입이 별도로 필요하게 되었다. 이에 1999년 9월 7일 약사법에서 화장품이 분리되어 화장품법이 제정되었다. 화장품법은 화장품의 제조·수입·판매 및 수출 등에 관한 사항을 규정함으로써 국민보건 향상과 화장품산업의 발전에 기여함을 목적으로 한다.

3 맞춤형화장품

제조 또는 수입된 화장품의 내용물(완제품, 벌크제품, 반제품)에 다른 화장품의 내용물이나 식품의약품안전처장이 정하는 원료를 추가하여 혼합한 화장품이다. 제조 또는 수입된 화장품의 내용물을 소분(小分)한 화장품을 말하며, 다만 고형(固形) 비누 등 총리령으로 정하는 화장품의 내용물을 단순 소분한 화장품은 제외한다.

2020년 3월 14일부터 맞춤형화장품판매업이 시작되면서 화장품 관련 사업은 크게 화장품 제조업, 화장품 책임판매업, 맞춤형 화장품판매업 3가지로 나누어지게 되었다.

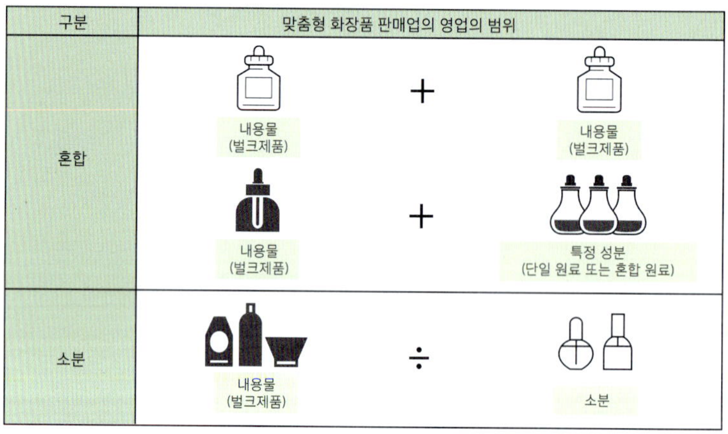

맞춤형 화장품의 영업 범위(혼합, 소분)

4 천연화장품, 유기농화장품

1_천연화장품

동·식물 및 그 유래 원료 등을 함유한 화장품으로 식품의약품안전처장이 정하는 기준에 맞는 화장품이다. 천연화장품의 비율 기준은 천연함량 95%, 허용 합성 원료 5% 이내, 석유화학 부분은 2% 초과 불가하다.

2_유기농화장품

유기농 원료, 동 · 식물 및 그 유래 원료 등을 함유한 화장품으로서 식품의약품안전처장이 정하는 기준에 맞는 화장품이다. 유기농화장품 비율 기준은 천연함량 95%, 허용 합성 원료 5% 이내, 석유화학 부분은 2% 초과 불가하고, 유기농 10%이다.

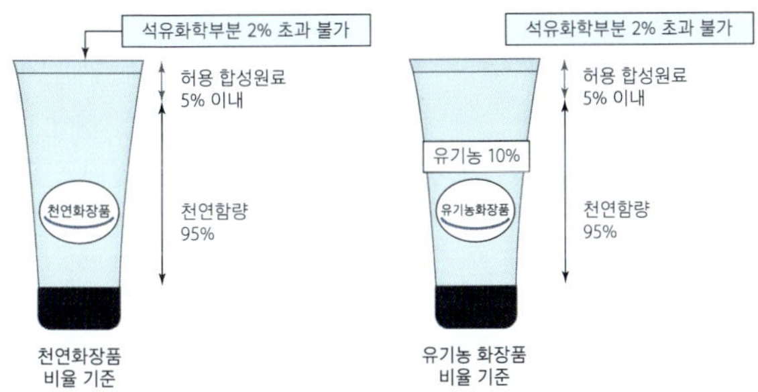

천연화장품과 유기농화장품 비율 기준

5 기능성화장품(화장품법 제2조 2항)

"기능성화장품"이란 화장품 중에서 다음 각 목의 어느 하나에 해당되는 것으로서 총리령으로 정하는 화장품을 말한다.

① 피부의 미백에 도움을 주는 제품

② 피부 주름 개선에 도움을 주는 제품

③ 피부를 곱게 태우거나 자외선으로부터 피부를 보호하는데 도움을 주는 제품

④ 모발의 색상 변화·제거 또는 영양공급에 도움을 주는 제품

⑤ 피부나 모발의 기능 약화로 인한 건조함, 갈라짐, 빠짐, 각질화 등을 방지하거나 개선하는데 도움을 주는 제품

기능성화장품의 법적 범위(화장품법 제2조 제2호)

피부의 미백에 도움을 주는 제품

- 피부에 멜라닌 색소가 침착되는 것을 방지하여 기미 · 주근깨 등의 생성을 억제함으로써 피부 미백에 도움 기능
- 피부에 침착된 멜라닌 색소의 색을 엷게 하여 피부의 미백에 도움 기능

피부 주름 개선에 도움을 주는 제품

- 피부에 탄력을 주어 피부의 주름을 완화 또는 개선에 도움 기능

피부를 곱게 태우거나 자외선으로부터 피부를 보호하는데 도움을 주는 제품

- 강한 햇볕을 방지하여 피부를 곱게 태워주는 기능
- 자외선을 차단 또는 산란시켜서 자외선으로부터 피부를 보호하는 기능

모발의 색상 변화 · 제거 또는 영양공급에 도움을 주는 제품

- 모발의 색상을 변화(탈염, 탈색)시키는 기능(일시적으로 모발 색상을 변화시키는 제품은 제외)
- 체모를 제거하는 기능(물리적으로 체모를 제거하는 제품 제외)

피부나 모발의 기능 약화로 인한 건조함, 갈라짐, 빠짐, 각질화 등을 방지하거나 개선하는데 도움을 주는 제품

- 탈모 증상의 완화에 도움이 되는 기능(코팅 등 물리적으로 모발을 굵어 보이게 하는 제품은 제외)
- 여드름성 피부를 완화하는데 도움이 되는 기능(인체 세정용 제품류로 한정)
- 피부장벽(각질층)의 기능을 회복하여 가려움 등의 개선에 도움이 되는 기능
- 튼살로 인한 붉은 선을 엷게 하는 데 도움이 되는 기능

6 코스메슈티컬(cosmeceutical)

코스메슈티컬은 화장품(cosmetics) + 의약품(pharmaceutical)을 합성한 신조어이다. 화장품에 의학적으로 검증된 성분을 함유한 화장품을 말한다. 즉, 코스메슈티컬 화장품은 일반 화장품보다는 효과가 있고, 의약품보다는 효과면에서 떨어지는 화장품을 일컫는 것이다. 요즘 제약회사에서 화장품산업이 전 세계적으로 큰 시장임을 알고 이러한 코스메슈티컬 화장품에 많은 투자를 하고 있다.

7 화장품의 유형(13가지)

1_영 · 유아용 제품류

만 3세 이하 어린이가 사용하는 샴푸, 린스, 로션, 크림, 오일, 인체 세정용 제품, 목욕용 제품

- 영 · 유아용 샴푸, 린스
- 영 · 유아용 로션, 크림
- 영 · 유아용 오일
- 영 · 유아용 인체세정용 제품
- 영 · 유아용 목욕용 제품

2_목욕용 제품류

샤워, 목욕 시 전신에 사용하며 사용 후 바로 씻어내는 제품

- 목욕용 오일 · 정제 · 캡슐
- 목욕용 소금류
- 버블 배스
- 그 밖의 목욕용 제품류

3_인체 세정용 제품류

손, 얼굴에 주로 사용하는 사용 후 바로 씻어내는 제품

- 폼 클렌저
- 바디 클렌저

- 액체비누 및 화장비누
- 외음부세정제
- 물휴지
- 그 밖의 인체세정용 제품류

4_눈 화장용 제품류

눈 주위에 매력을 더하기 위해 사용하는 메이크업 제품

- 아이브로펜슬
- 아이라이너
- 아이섀도
- 마스카라
- 아이 메이크업 리무버
- 그 밖의 눈 화장용 제품류

5_방향용 제품류

향을 몸에 지니거나 뿌리는 제품

- 향수
- 분말향
- 향낭
- 코롱
- 그 밖의 방향용 제품류

6_두발 염색용 제품류

모발의 색을 변화시키거나 탈색시키는 제품(염모제, 탈색제)

- 헤어 틴트
- 헤어 컬러스프레이
- 염모제
- 탈염 · 탈색용 제품
- 그 밖의 두발 염색용 제품류

7_색조 화장용 제품

얼굴과 신체에 매력을 더하기 위해 사용하는 메이크업 제품

- 페이스 파우더, 페이스 케이크
- 파운데이션
- 메이크업 베이스 · 픽서티브
- 립글로스, 립밤
- 바디페인팅, 페이스페인팅, 분장용 제품
- 그 밖의 색조화장용 제품류

8_두발용 제품류

모발의 세정, 컨디셔닝, 정발, 웨이브 형성, 스트레이팅, 증모 효과에 사용하는 제품

- 헤어컨디셔너 · 토닉 · 그루밍에이드
- 포마드

- 샴푸, 린스
- 퍼머넌트 웨이브, 헤어 스트레이트너
- 흑채
- 그 밖의 두발용 제품류

9_ 손발톱용 제품류

손톱과 발톱의 관리 및 메이크업에 사용하는 제품

- 베이스코트, 언더코트, 탑코트
- 네일폴리시, 네일에나멜 및 그 리무버
- 네일 크림 · 로션 · 에센스
- 그 밖의 손발톱용 제품류

10_ 면도용 제품류

면도할 때와 면도 후에 피부 보호 및 피부 진정 등에 사용하는 제품

- 애프터쉐이브 로션, 프리쉐이브 로션
- 남성용 탤컴
- 쉐이빙 크림, 쉐이빙 폼
- 그 밖의 면도용 제품류

11_ 기초화장용 제품류

피부 보습, 수렴, 유연, 영양공급, 세정 등에 사용하는 스킨케어 제품

- 화장수, 에센스, 오일, 마사지 크림, 팩, 마스크
- 파우더
- 바디 제품
- 눈 주위 제품
- 손·발의 피부연화 제품
- 클렌징 워터 · 오일 · 로션 · 크림 등 메이크업 리무버
- 그 밖의 기초화장용 제품류

12_ 체취 방지용 제품류

몸에서 나는 냄새를 제거하거나 줄여주는 제품

- 데오도란트

13_ 체모 제거용 제품류

- 제모제
- 제모왁스

영유아용	만 3세 이하의 어린이가 사용하는 샴푸, 린스, 로션, 크림, 오일, 인체 세정용 제품, 목욕용 제품 표면의 노폐물, 메이크업 잔여물, 먼지 등을 제거하여 피부를 청결(위생)하게 한다.
목욕용	샤워, 목욕 시에 전신에 사용 후 바로 씻어내는 제품
인체 세정용	손, 얼굴에 주로 사용 후 바로 씻어내는 제품
눈 화장용	눈 주위에 매력을 더하기 위해 사용하는 메이크업 제품
방향용	향을 몸에 지나거나 뿌리는 제품
두발 염색용	모발의 색을 변화시키거나(염모) 탈색(탈염)시키는 제품
색조 화장용	얼굴과 신체에 매력을 더하기 위해 사용되는 메이크업 제품
두발용	모발의 세정, 컨디셔닝, 정발, 웨이브 형성, 스트레이팅, 증모 효과에 사용하는 제품
손발톱용	손톱과 발톱의 관리 및 메이크업에 사용되는 제품
면도용	면도할 때와 면도 후에 피부보호 및 피부 진정 등에 사용하는 제품
기초 화장용	피부의 보습, 수렴, 유연(에몰리언트), 영양공급, 세정 등에 사용하는 스킨케어 제품
체취 방지용	몸에서 나는 냄새를 제거하거나 줄여주는 제품
체모 제거용	몸에 난 털을 제거하는 제모에 사용하는 제품

일반화장품 체크

- 제모왁스 - 물리적 체모 제거
- 헤어틴트, 헤어스프레이 - 일시적 모발색 변화
- 흑채

화장품의 유형

폼클렌저, 화장비누, 물휴지 인체세정용

- 아이메이크업 리무버 : 눈 화장용
- 헤어틴트, 헤어컬러스프레이 : 두발 염색용
- 흑채, 샴푸, 린스 : 두발용
- 파우더, 바디제품, 눈 주위 제품, 손발의 피부연화제품 : 기초화장용
- 클렌징 워터 · 오일 · 로션 및 클렌징티슈 등 메이크업 리무버 : 기초화장용
- 페이스파우더 : 색조화장용

3 화장품과 피부

1 화장품과 의약품의 차이

화장품과 의약품의 차이

구 분	화장품	의약외품	의약품
사용대상	정상인	정상인	환자
사용목적	청결, 미화	위생, 미화	치료 및 진단
사용기간	장기간, 지속적	장기간, 단속적	일정 기간
사용범위	전신	특정 부위	특정 부위
효 능	경미	일정 범위	제한 없음
부작용	없어야 함	없어야 함	있을 수 있음

2 화장품의 품질조건(4가지)

화장품이 상품화되기 위해서는 다음의 품질조건이 반드시 필요하다. 사람 피부에 대한 안전성과 화장품을 사용하는 동안의 화장품 안정성과 개인의 기호성을 만족해야 하는 사용성, 화장품 유효성(기능성) 등이 품질조건이다.

화장품의 품질 4대 조건

구 분	내 용
안전성	피부의 자극성, 감작성, 알레르기, 독성 등이 없을 것
안정성	보관 시 자체의 변질, 변색, 변취, 미생물 등의 오염이 없을 것
사용성	사용 시 촉촉함, 지속성, 윤기, 향, 색 등의 기호성 만족
유효성	피부에 세정, 보습, 주름개선, 미백, 자외선 차단, 색채 효과 등을 부여할 것

화장품의 안전성은 피부의 자극성, 피부 감작성, 광 독성, 광 감작성, 눈 자극성, 변이원성, 경구독성, 생식 독성, 코메도 형성 가능, 이물질의 혼입, 파손 등이 없어야 한다. 화장품은 현재 피부미용 문제를 관리하고 예방하기 위하여 사용되는 만큼 피부의 안전성이 중요하다.

화장품의 안정성은 보관 시 화장품 자체의 변질, 변색, 퇴색, 변취, 산패, 미생물 등의 오염이 없어야 함을 말한다. 화장품 보관(환경)상으로 야기될 수 있는 너무 밝은 곳에 화장품을 두지 않도록 하고, 온도차가 크지 않도록 하며 사용 후 뚜껑을 잘 닫거나, 깨끗하지 않은 손이나 도구로 제품을 덜어 쓰지 않도록 한다. 또한 사용기간, 뚜껑을 열고 난 후의 사용기한을 잘 지켜야 한다.

화장품의 사용성은 제품을 사용할 때 피부에서 느끼는 감각으로 매끄럽게 발리고 바른 후 가벼운 느낌이나 무거운 느낌, 밀착감, 청량감 등을 이야기한다. 또한 제품 사용 시 촉촉함, 지속성, 윤기 등의 사용감이 좋아야 하고 개인의 기호성(개인 취향)인 향, 색, 용기의 디자인 등을 만족시켜야 한다.

화장품의 유효성은 제품 사용 시 피부에 대한 적절한 세정, 보습, 주름 개선, 미백, 자외선 차단, 색채 효과 등을 부여하는 것을 말한다. 화장품기술의 발달은 코스메슈티컬 계열의 성분들이 화장품 원료로 사용되면서 피부에 효과를 나타내는 성분들에 대한 소비자들의 관심이 더욱 증대되고 있다.

3 피부 구조 및 생리기능

1_피부의 생리구조

피부란 신체의 가장 넓은 장기 조직으로 우리 몸의 표면을 덮고 있다. 피부는 표피, 진피, 피하지방 세 층으로 나뉘고, 부속기관으로는 한선, 피지선, 모발, 조갑 등이 있다. 피부의 두께는 1.5~2.5mm로 부위마다 다르고 면적은 약 1.6~1.8mm^2, 무게는 체중의 약 16%를 차지한다. 피부의 구성은 수분 약 70%, 단백질 약 20%, 지질 약 5%, 기타 물질 약 5% 정도로 성분을 이루고 있다.

① 표피(Epidermis)

표피층은 피부 중 가장 얇은 층으로 평균적으로 약 0.1~0.2mm의 두께이며 가장 두꺼운 손과 발바닥은 약 1.6~1.7mm이고, 가장 얇은 눈꺼플은 약 0.04~0.05mm이다. 가장 위로부터 각질층, 투명층, 과립층, 유극층, 기저층으로 나뉜다.

표피층의 각질의 숫자는 14~20장 정도이고 함수량은 각질층은 10~30%, 유극층은 70% 정도로 층에 따라 상이하며, 함수량이 10% 이하일 때 건성피부로 분류한다.

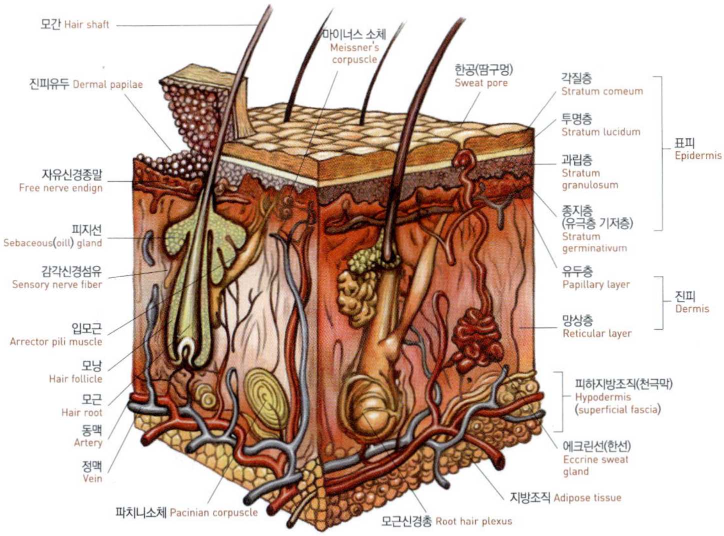

피부의 구조

- 각질층(Stratum Comeum)
  - 표피의 가장 바깥쪽에 위치
  - 핵이 없는 납작한 무핵 세포로 구성
  - 함수량은 10~30%로 구성
  - 세포간지질(intercellular lipid), 데스모좀 존재
  - 라멜라(lamella) 구조로 형성되어 수분 손실방지, 이물질 방어 등의 작용
  - 케라틴(keratin) 약 58%, 천연보습인자(NMF, 수분을 일정하게 유지하는 작용) 약 31%, 세포간지질(inter-cellularlipids) 약 11% 등으로 구성

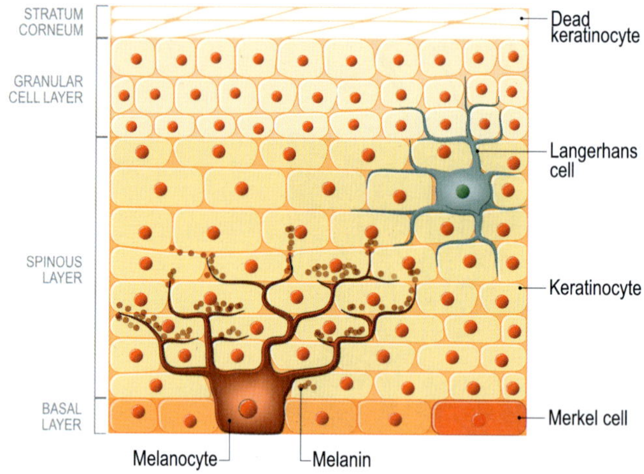

스킨 3D 그림의 해부학적 구조

NMF의 구성 성분(단위 : %)

주요 성분	NMF
아미노산	40
무기염류	18.5
피롤리돈 카르본산염	12
젖산염	12
요 소	7
기 타	기타

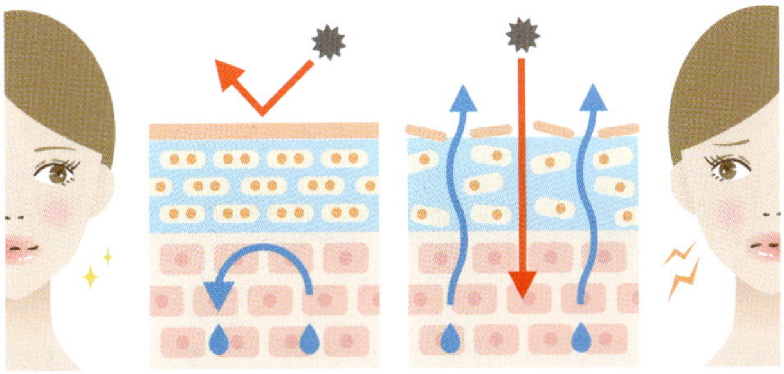

세포간지질(intercellularlipids)

각질층 자체에 피지와는 별도로 지질이 세포와 세포 사이에 존재하여 표피의 보습유지에 도움을 주고 외부의 다양한 균에 대항하여 피부를 보호한다.

세포간 지질의 구성성분(단위 : %)

주요성분	세포간 지질
세라마이드(ceramide)	50
지방산(fatty acid)	30
콜레스테롤(cholesterol)	15
콜레스테릴 에스테르(cholesterol ester)	5

피지의 구성성분(단위 : %)

주요성분	피 지
트리글리세라이드(triglyceride)	48
왁스에스테르(wax)	25
지방산(fatty acid)	16
스쿠알렌(squalene)	12
기 타	4

정상피부(normal skin) 각질층

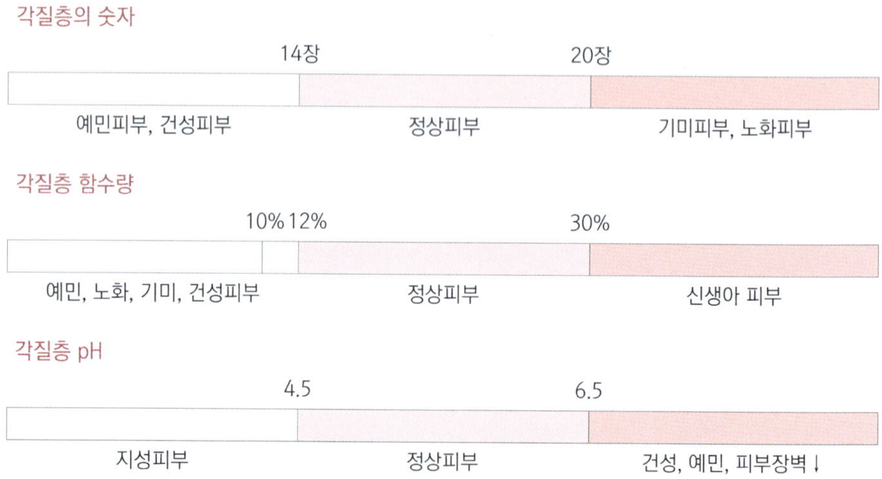

• **투명층**(Stratum Lucidum)

- 무핵 세포로 2~3층이며 손바닥과 발바닥에만 존재
- 반유동성 단백질인 엘라이딘(Elaidin) 존재
- 수분 침투 및 증발 억제 기능

• **과립층**(Stratum Granulosum)

- 2~5층의 무핵 세포로 구성, 본격적인 각질화 과정을 시작하는 층
- 각질 세포 간 접착제 물질을 생성하고, 함수량은 약 30%
- 수분저지막(Rein membrane, Barrier zone)이 있어 수분 증발을 억제하고, 과잉수분의 침투와 유해물질의 침투를 막음
- 각질세포(Keratin)의 멜라닌 색소(Melanosome) 분해 능력으로 인종 간의 피부색을 결정하는 층

레인막(barrier membrane 또는 rain membrane)

레인막은 특수막으로 투명층 아래에 위치하고, 피부 외부로부터 이물질 침입과 내부의 수분손실을 막는 역할을 한다. 따라서 레인막을 일시적으로 제거하기 전에는 약물이나 화장품 등을 깊숙이 침투시키기가 어렵다. 레인막을 기준으로 표피 쪽은 약산성을 띠고 함수량이 10~20%이며, 밑으로는 약알칼리성을 띠고 함수량은 70~80% 함유하고 있다.

- 유극층(Stratum Spinosum)
  - 가장 두꺼운 6~10층으로 젊을수록 두텁게 구성, 함수량은 약 70%
  - 유핵 세포층으로 각질 세포(Kelatin)의 성장 및 분열
  - 세포와 세포 사이를 짧은 가시모양의 돌기가 연결하는 세포간교(Desmosome)로 형성
  - 랑게르한스 세포(Langerhans Cell, 면역 세포)가 존재해 피부 전반적으로 면역학적 반응, 알레르기 반응, 감염방지 등 중요한 역할 담당
- 기저층(Stratum Basale)
  - 표피의 가장 아래층에 위치한 단층 유핵 세포로 함수량이 약 70%
  - 진피의 유두층으로부터 영양공급이 이루어지고 각질형성 세포(Keratinocyte)와 색소형성 세포(Melanocyte)가 10 : 1의 비율로 구성, 촉각 세포인 머켈 세포(Merkel Cell)가 존재
  - 표피와 진피를 결합하는 기저세포막(Plasma Membrane, 바닥판)은 표피에서 진피로 물질이동 억제, 유해물질의 침투를 막음
  - 세포증식의 중단은 상처 시 흉터 발생의 원인
  - 머켈 세포(Merkel Cell)는 주로 손·발바닥, 입술, 구강점막 등 헤어가 없는 곳에 존재하고, 불규칙한 핵을 가지고 있으며, 신경섬유의 말단과 연결되어 자극을 뇌에 전달하는 역할을 하여 '촉각 세포', '지각 세포'라고도 불린다.

각화과정(Keratinization)

각화주기는 평균 28일을 주기로 1일 1장 탈락하고, 기저층의 각질형성 세포가 각질층으로 이동하며, 최종적으로 각질이 각화되어 가는 과정을 말한다.

② **진피**(Dermis)

피부의 90% 정도를 차지하고 있는 진피층은 치밀한 결합조직으로 0.5~4mm의 두께로 개인적인 차이를 가지고 있으나, 실질적인 피부로 피부층을 지지하고 피부의 탄력, 긴장도, 윤기, 균형 등을 부여한다. 진피층은 유두층과 망상층으로 경계가 뚜렷하지 않게 구분되며, 혈관, 림프선, 피지선, 한선, 모공 등의 피부 부속기관이 존재하는 층이다 또한 피부신경이 위치하고 있어 피부의 감각을 느끼게 해 준다.

진피층의 점액성 무코-다당류(muco-polysaccharide, 단백질 복합체)는 습윤작용을 하여 보습작용, 유연성, 피부보호 등의 역할을 하고, 자신의 무게에 300배에서 1,000배에 수분을 함유한다. 대표적인 것으로 히아루론산염(sodium hyaluronate), 콘드로이친황산염(chondroitin sulfate), 헤파린(heparin) 등이 있으며, 화장품 및 의약품, 식품에서도 많이 이용되고 있다. 히아루론산염은 관절액, 피부 등에 존재하고, 닭의 벼슬에서 추출되었지만, 최근엔 미생물을 이용하여 대량생산으로 제조할 수 있게 되었다. 콘드로이친황산은 포유동물의 연골과 피부 등에 존재하고 얻어진다. 헤파린은 식용동물의 간, 폐, 장 점막에서 얻어지고 혈액응고 방지작용을 하는 것으로 알려져 있다.

• **유두층**(Papillary Layer)

- 유두 모양의 돌기가 표피의 기저층과 경계를 이루고, 노화가 될수록 굴곡이 완만해짐
- 분포된 모세혈관이 표피의 기저층에 영양소와 산소운반 작용
- 모세혈관과 모세림프관 분포로 신진대사가 활발히 이루어짐

• **망상층**(Reticula Layer)

- 섬유단백질 교원섬유(콜라겐)는 진피의 90% 정도를 차지하고 1분자 기준 약 3,000개의 아미노산으로 구성됨
- 탄력섬유(엘라스틴)는 섬유단백질로 방향의 망상구조
- 임산부나 비만한 사람들의 피부 처짐을 막아주는 탄력성과 팽창성이 큰 지지조직 작용
- 피부가 어느 정도의 늘어남은 지탱할 수 있지만 한계가 지나치면 튼살이 됨
- 혈관, 림프관, 신경, 피지선, 한선, 모공 등에 분포

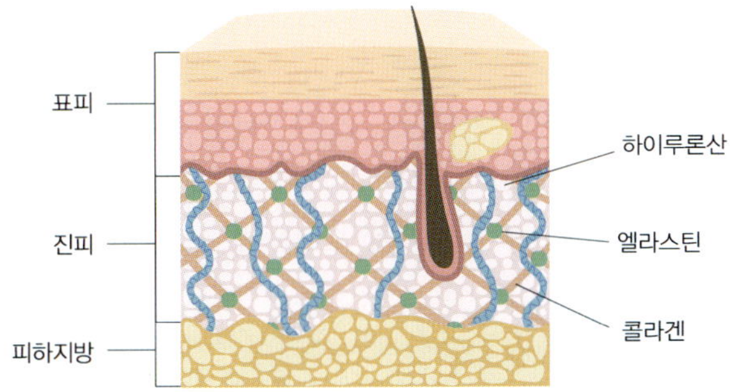

③ 피하지방(Hypodermis)

지방 세포들은 피하지방을 생산하여 몸의 온도조절(절연작용), 수분조절 그리고 외부 충격(완충작용)으로부터 기관들을 보호한다. 피하지방층은 영양상태, 성별이나 연령, 부위에 따라 다양하게 나타나며, 지방층의 두께에 따라서 비만척도를 결정한다.

셀룰라이트(cellulite)

인체 내 수분, 노폐물 등이 정맥을 통해 배농되고, 처리되지 못한 일부는 림프를 통해 배농이 된다. 하지만 정맥과 림프 순환의 문제로 처리되지 못한 수분, 노폐물 등은 피하지방층 특정 부위에 정체되어 쌓이게 되는데, 이러한 결과물을 셀룰라이트라고 한다. 주로 허벅지, 복부, 엉덩이 등에 울퉁불퉁한 형태로 발생한다.

④ 피부의 생리기능

- 보호기능작용

- 물리·화학적 자극에 의한 보호, 자외선으로부터의 보호, 세균침입 방지

- 체온조절작용

- 혈관의 수축이나 확산, 한선의 땀으로 분비 조절

- 분비 · 배출작용

- 땀, 피지

- 감각작용

- 통증에 가장 민감하고, 따뜻함에 가장 둔감함

(피부에 1cm^2 당 통점 100~200개, 촉각점 25개, 냉점 12개, 압점 6~8개, 온점 1~2개)

- 비타민D 합성작용

- UV B(Ultraviolet Rays) 조사 시 합성

- 호흡작용 :

- 피부호흡은 폐호흡의 1% 정도와 피부열 발산, 피부독소 배설, 수분증발 등이 있고, 흡수작용으로 지용성이 수용성보다 흡수율이 높고, 모공을 통해 많이 흡수됨

- 흡수작용

- 피지막과 레인막은 물과 이물질 침투를 최대한 저지, 약간의 물질들만 흡수

- 면역작용

- 피부 표피의 생체방어기전 관여 등

- 표현작용

- 모세혈관의 수축과 이완, 신경의 흥분과 억제, 입모근(기모근)의 수축 등으로 표현

- 각화 · 재생작용

- 손·발톱, 머리털 등 피부가 각화되어 생성, 피부 상처회복은 세포분열로 가능

- 영양소 저장작용

- 사용하고 남은 여분의 영양물질을 피하지방에 저장

4 피부 식별

피부 식별은 피부의 문제 해결을 하기 위하여 진단하는 것으로 정상 피부와 비정상 피부를 구분하고, 화장품을 사용하여 비정상인 피부를 정상 피부로 유지할 수 있도록 예방, 유지, 개선 관리하는 목적으로 필요하다. 실제 피부식별의 기준은 피지분비량(모공 크기)으로 한다.

1_기본(유전) 피부 : 유분 분비량(모공크기)으로 결정

① 건성피부(Alipic skin)

피지선, 한선의 기능 문제(유·수분의 분비량의 저하)로 인해 피지막이 불안정하다. 특징으로 모공이 작으며, 각질층의 수분이 10% 이하로 피부결이 가늘고, 각질이 들뜨며 당김현상이 있고, 눈가, 입가에 잔주름이 생기기 쉽다. 따라서 피지선과 한선의 정상화를 목적으로 관리한다. 피지선과 한선의 정상화로 유·수분의 밸런스를 통한 잔주름과 노화예방을 기대해 볼 수 있다.

② 정상피부(Normal skin)

피지선, 한선 등의 기능이 원활하여 유·수분의 밸런스가 잘 맞는 피부로 피부결이 섬세하다. 12% 이상의 함수량으로 윤기와 광택으로 부드러우며, 여드름이나 기미가 쉽게 발생하지 않고 문제 발생 시에도 회복이 빠르며, 주로 20대 초반에 나타나는 피부유형으로 현재의 상태를 유지, 보호하는 것을 목적으로 한다. 현재의 상태를 유지, 보호(protection)하고 유·수분의 밸런스를 통한 맑고 윤기 있는 건강한 피부를 기대해 볼 수 있다.

③ 지성피부(Oly skin)

T-zone(이마, 코)의 모공 크기가 눈에 띄며 각질이 두껍다. 피지의 과잉으로 번들거리며 화장이 잘 뭉그러져 지저분하다. 하지만 피지는 수분의 증발을 막아 피부가 촉촉하게 유지하도록 하여 노화

가 지연되게 하는 긍정적인 면도 있다. 하지만 피지의 산화로 세균 번식과 모낭염(박테리아)이 쉽게 발생될 수 있는 피부 유형으로 과각질 제거와 피지제거를 목적으로 한다. 과각질제거(Refine)와 피지제거(Purifying)로 유·수분의 밸런스를 통한 안색정화를 기대해 볼 수 있다.

복합성(콤비네이션) 피부

두 가지 이상의 피부타입이 존재하는 것을 말하며 보통은 T존은 지성, U존은 정상이나 건성처럼 부위에 따라 서로 다른 피부타입이 존재하는 것을 말한다. 복합성 피부는 보통 환절기 때나 적합하지 않은 화장품 사용 시, 날씨(기온)의 변화, 불규칙한 생활, 호르몬의 변화에 의한 연령에서도 나타날 수 있다. 복합성 피부 관리는 부위별 차별적인 관리를 통해 유 · 수분의 밸런스 회복을 목적으로 한다.

2_과도기 피부

살아가면서 내·외적 자극요인과 계절, 질병, 화학적·물리적 요인, 내분비계통의 불균형, 스트레스 등으로 변화된 피부(비정상) 유형이다.

① 피부표면 수분부족 건성피부(Superficial dehydrated skin)

여러 내·외적인 자극에 의하여 초기에 나타날 수 있는 피부 유형으로 반복적 보호 기능의 결여로 인하여 예민 피부로 이어질 수 있다. 초기 건성노화(Superficial dehydrated skin)에서 진피성 건성노화(Deep dehydrated skin)로 보호가 부족하게 되면 이어질 수 있다. 지성 피부의 잘못된 반복적 클렌징, 진한 메이크업, 기름종이의 잦은 사용 등도 원인이 될 수 있다. 관리는 자극을 최소화하고, 진정(cooling, 혈관수축) 후 림프 배농관리(혈관수축)를 해 주면 효과적이다.

② 진피 수분부족 건성피부(deep dehydrated skin)

피부의 내적 원인으로 섬유아세포(fibroblast) 기능 이상으로 인해 섬유조직의 생성 이상이나 변성, 수화기능에 문제가 발생되어 나타날 수 있다. 해결방법으로 섬유아세포의 자극으로 콜라겐, 엘라스틴, 무코다당류를 합성하여 기능을 활성화시킨다.

③ 민감성 피부(Sensitive skin)

피부장벽 기능 약화로 자극에 쉽게 반응하여 붉음증, 소양증, 따가움, 당김(건조증), 피부염 등의 증상이 쉽게 발생하는 피부유형이다. 관리는 자극을 최소화하고 진정(cooling, 혈관수축) 후 림프 배농관리(혈관수축)를 해주면 효과적이다.

④ 모세혈관확장(couperose skin) 피부

원인은 유전적으로 혈관이 약하거나 연고(스테로이드)의 남용, 알코올의 과다 섭취, 과도한 자외선, 호르몬 장애, 스트레스, 위장장애 등의 이유로 모세혈관이 약화되거나 파열, 확장되어서 실핏줄이 보이는 피부이다. 주로 뺨이나 콧망울 주위에 많이 생기고 각화과정이 빨라 각질층이 얇으며 모세혈관 확장과 함께 모공이 막혀 염증이 생기는 로사시아 피부(rosacea skin)로 발전될 수도 있다.

관리는 자극을 최소화하고, 진정(cooling)에 의한 혈관수축 후 림프 배농관리를 해주면 효과적이다.

모세혈관벽 강화에는 비타민 C, 비타민 K, 비타민 P 등의 섭취와 관리가 도움이 된다. 그 외에도 루틴, 알로에, 아줄렌, 알파-비사보롤 성분들이 모세혈관 피부에 도움이 된다.

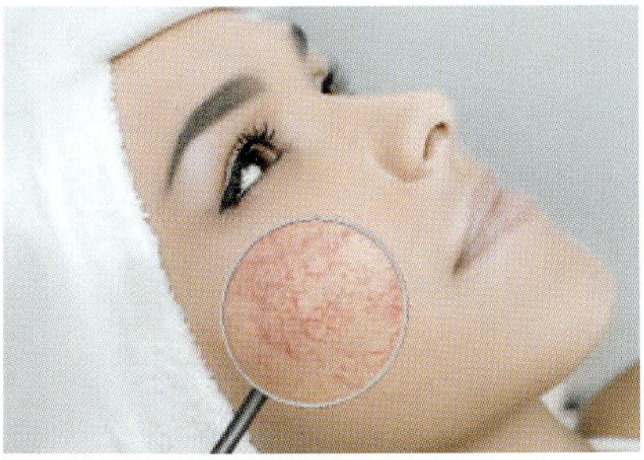

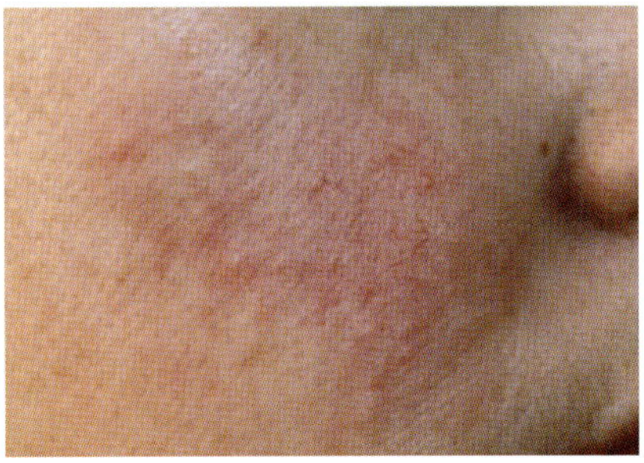

⑤ 여드름 피부(Acne skin)

여드름 피부는 비염증성 피부와 염증성 피부로 나뉘고 주로 피지분비가 많은 얼굴, 가슴, 등에 발생한다. 비염증성 여드름은 화이트헤드(whitehead, 백두여드름)와 블랙헤드(blackhead, 흑두여드름)로 구분된다. 화이트헤드(whitehead)는 피부에 좁쌀 형태의 염증이 없는 폐쇄 면포성 여드름으로 전문가에 의한 압출이 필요한 여드름이고, 블랙헤드(blackhead, 흑두여드름)는 염증이 없는 개방 면포성 여드름으로 끝부분이 산소에 의해 산화되어 까맣고, 방치 시 모공이 넓어질 수 있으며 주로 T-Zone 부위에 쉽게 발생된다.

여드름 피부의 원인은 유전적(83%) 요인이 가장 크고, 세균 감염, 호르몬 변화, 압력과 마찰, 음식, 자외선, 생리주기 등으로 피지가 비정상적으로 많이 생성되고 모공이 막혀서 발생된다. 결국 여드름은 피지와 각질로 발생하여 박테리아균(propionibacterium acnes)에 의하여 염증이 악화된다.

여드름 피부는 유전적으로 모공 속 각질이 만들어지는 속도가 일반인에 비해 약 20배 빠르고, 각질을 탈락시키는 층판소체의 수는 오히려 적어서 모공 속 각질비후 현상을 일으킨다.

사춘기에 나타나는 여드름은 남성호르몬(안드로겐)의 자극에 의해 피지 과다로 발생하고, 성인 여성 여드름의 경우는 생리 전 황체호르몬(progesterone)과 화장품, 스트레스, 수면부족, 잘못된 클렌징 습관 등이 피지선 자극으로 발생될 수 있다. 또한 석유계에서 추출된 바세린, 유동파라핀과 양모에서 추출된 라놀린 성분에 의해서도 여드름이 유발될 수 있다.

여드름 유발 성분이 들어있지 않은 화장품을 논 코메도제닉(non-comedogenic) 화장품이라고 한다.

모낭벽에 붙어 있는 피지선에서 만들어진 피지가 모낭벽을 따라 위로 올라가 피부 밖으로 배출되지 못하고 갇히게 되면 박테리아균(propionibacterium acnes)이 번식하게 되어 여드름이 발생되는데, 여드름은 구진(papule), 농포(pustule), 결절(nodule), 낭포(cyst)의 4단계로 염증성 여드름이 진행된다. 압출하기에 가장 좋은 단계는 농포 단계이며 결절, 낭포 단계에서는 상처(흉)가 유발될 수 있다.

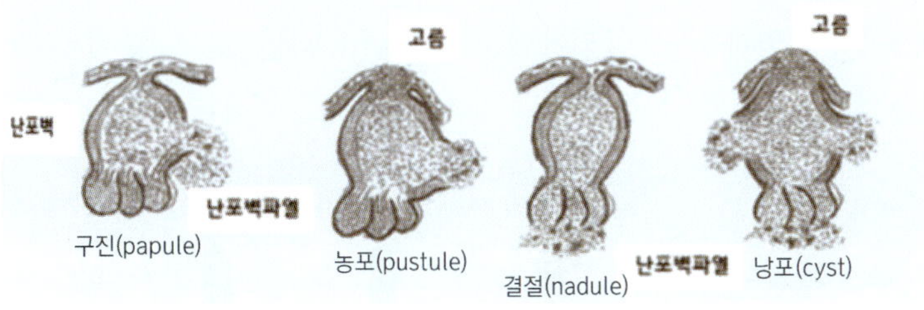

화농성 여드름의 종류 및 진행과정

⑥ 화농성 여드름의 종류 및 진행과정

여드름 관리는 염증성 여드름의 경우 자극을 최소화하고, 진정(cooling) 후 피지제거, 각질제거, 적정 시기에 압출과 림프 배농관리(혈관수축)를 해주면 효과적이다. 비염증성의 경우는 피지제거와 각질제거 후 압출과 림프관리가 필요하다.

지성피부, 여드름 피부에 쓰이는 성분으로는 오렌지, 레몬, 그레이푸릇, 버가못 등의 시트러스 계열의 오일들과 제라늄, 페퍼민트, 사이프러스 등도 사용된다.

박테리아(Bavteria) 성장억제(항균, 항염) 효과로는 황(sulfur), 살리실산(Salicylic acid), 트라이클로산(triclosan), 티트리(melaleuca alternifollia) 등이 있다.

피지 조절 및 억제에 카올린, 머드, 벤토나이트를 이용한 관리와 위치아젤, 티트리, 우엉, 인삼, 비타민 B6 성분이 들어간 화장품을 사용하면 도움이 된다.

지성 피부 각질제거는 습도와 온도, 시간을 이용한 방법으로 효소(enzyme)가 있는데, 효소는 pH5일 때에 단백질 분해가 가장 뛰어나다.

과일의 산(fruit acid)을 이용한 AHA(Alpha-Hydroxy Acid)는 죽은 각질의 빠른 탈락으로 피부 표면이 매끄럽게 되고, 모공 속 노폐물을 청소하여 피지 분비를 조절하므로 지성피부를 개선해 주는 효과가 있다. 대부분의 AHA는 pH 3.5~10% 이하의 농도로 사용하고 있다.

BHA(Bata-Hydroxy Acid)는 살리실산(salicylic acid) 성분이 친유성으로 피지에 잘 유화되어 각질제거와 여드름 생성 억제에 도움이 되어 더 효과적이다. 비타민 A(retinol)도 지용성으로 각질을 정상화시키는 역할을 한다.

여드름의 구분

구분			특징
비화농성 여드름	화이트헤드 (whitehead)		• 염증 없는 폐쇄 면포성 여드름 • 피부에 좁쌀 형태로 존재 • 니들을 통한 압출 필요
	블랙헤드 (blackhead)	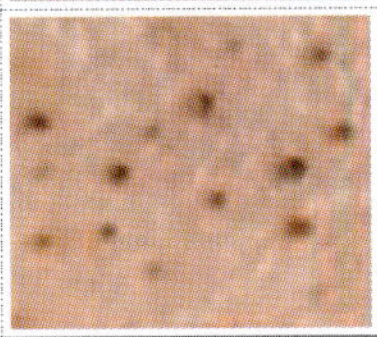	• 염증 없는 개방 면포성 여드름 • 모공 끝부분 피지가 산화되어 까맣게 보임 • 모공이 넓어지기 쉬우므로 딥클렌징을 통한 케어
화농성 여드름	구진 (papule)	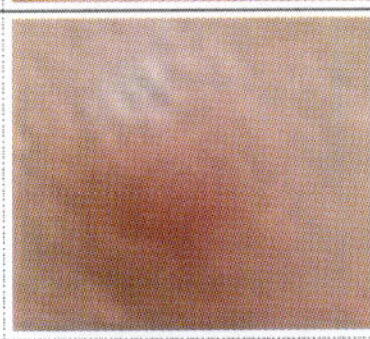	• 모낭(난포)이 염증으로 돌출된 형태 • 혈액이 몰려 부종과 선홍색을 띔 • 통증, 가려움증 등이 동반되며, 압출하지 말 것
	농포 (pustule)	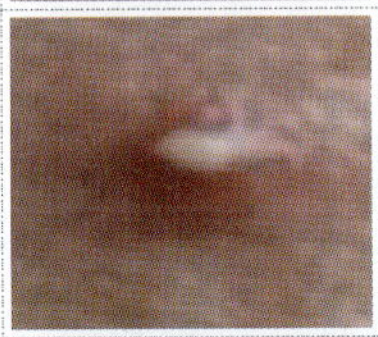	• 모공에 고름이 모여 있는 형태 • 압출하기 가장 좋은 상태
	결절 (nodule)	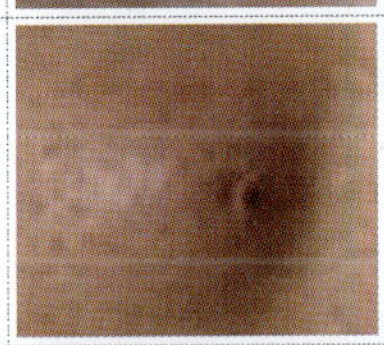	• 구진보다 크고 단단한 형태 • 피부조직이 파괴되어 상처를 남길 가능성이 높음
	낭포 (cyst)	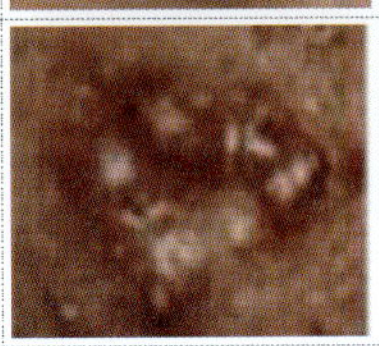	• 여드름 주변 피부가 심하게 파손되어 있는 형태 • 여드름은 작은 소결절들과 농이 혼합됨 • 피부조직이 파괴되어 상처가 남음

3_결과 피부

① 기미 피부(Melasma skin)

색소침착(기미)은 피부를 보호하기 위해서 멜라닌 색소 증가로 나타나는 현상이다. 원인으로 내분비 장애, 스트레스, 여성호르몬의 불균형, 유전 등을 들 수 있다. 볼 부위의 좌·우 대칭으로 생성되는 기미의 경우는 내분비 장애에 의해 형성되고 자외선이나 잘못된 습관에 의해서 생성되는 기미는 한쪽에만 나타나게 된다. 기미 관리에 앞서 먼저 생각해봐야 할 것은 피부가 위협을 감지하여 보호하기 위하여 과색소(기미)가 생성된 것이므로, 기미 제거 전에 각질세포의 정상화가 가장 중요하다. 따라서 관리는 먼저 추가적인 보호(extra protection)가 필요하고 수분공급(hydration)과 미세혈액순환 촉진(micro circullation), 각질(기미) 제거(refine) 순으로 관리하면 효과적이다.

또한 과색소 침착의 경우 티로시나아제(tyrosinase)의 활성을 억제하여 티로신(tyrosine)의 산화를 억제하는 성분들로 나이아신아마이드, 비타민 C, 알부틴, 감초추출물, 녹차 등 미백 효과가 있는 성분을 사용해야 한다. 이미 생성된 멜라닌 색소는 각질의 정상화 관리 후 주기적 각질 제거로 탈락시키고, 자외선 차단제의 타입에 맞는 사용과 사용법을 제대로 알고 생활화해야 한다.

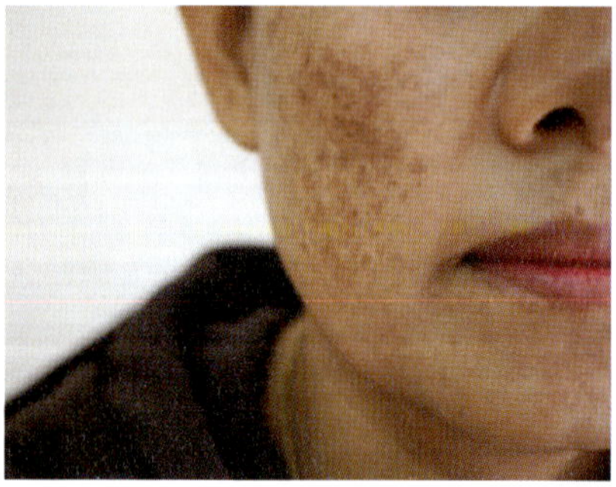

② 노화 피부(Ageing skin)

노화란 나이가 들면서 자연적으로 나타나는 피부변화로 발생하는 내인성 노화(intrinsic aging)와 자외선, 바람, 난방, 냉방 등 외부 환경의 자극에 대한 노출로 발생하는 외인성 노화(extrinsic aging)로 구분된다.

피부는 여러 가지의 생리기능을 담당하는 보호막이고 미용적으로도 중요한 기관이다. 따라서 노화된 피부는 외관상 변화는 물론 피부의 기능적 장애를 동반하게 된다.

내인성 노화는 몸의 대사과정에서 만들어질 수밖에 없는 활성산소가 피부에 영향을 미치고, 외인성 노화 중 광노화는 자외선에 의해 만들어진 유해 활성산소로 피부의 손상과 염증반응이 수반된다.

노화피부 관리는 먼저 보호(protection)와 수분공급(hydration)을 하고 미세혈액순환 촉진(micro circullation), 각질 제거(refine) 순으로 하면 이상적 관리가 될 수 있다. 또한 림프배농 관리(혈관수축)는 노화피부에 매우 긍정적인 효과를 가져올 수 있다.

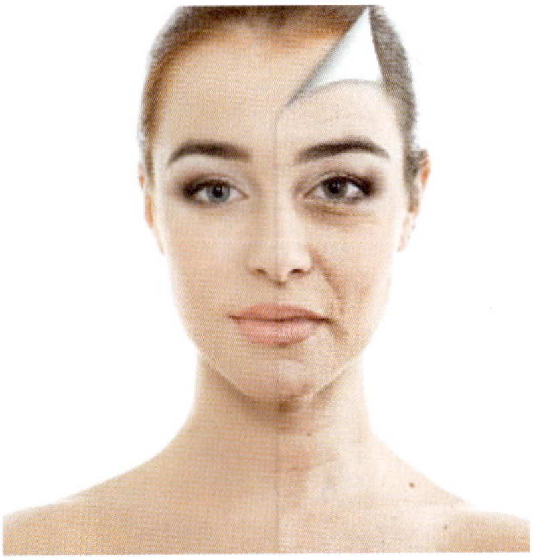

• 표피의 노화

- 5개의 층을 이루는 표피의 두께는 부위마다 다르지만 평균 0.2mm 정도로 얇다. 표피에는 90% 이상의 각질형성세포가 기저층(유핵세포)에서 생성되어 점점 표면으로 올라와 각질탈락(무핵세포)이 되기까지 약 28일이 경과하는데, 이때 새로운 세포로의 교체(turn-over, 턴오버)가 일어나고, 이러한 변화를 각화(keratinization)과정이라고 한다.

 기저층에서 생성된 세포는 약 4주(28일)의 간격으로 각질층에서 탈락되는데 노화가 진행될수록 기저층의 세포분열 저하로 턴오버(turn-over) 기간(시간)이 길어져 각질층은 두꺼워지게 되어 피부는 칙칙하고 건조하여 거칠어진다. 젊은 피부일수록 혈액순환과 신진대사가 원활하여 각질세포가 작고 규칙적인 반면, 노화피부가 될수록 각질세포가 크고 불규칙적이다.

 또한 진피 유두층의 기능 저하로 영양분과 산소 공급이 원활하지 못하여 기저층의 세포수가 감소하여 각질층의 두께는 두꺼워진 반면 표피의 전체적인 두께(면적)는 얇아진다.

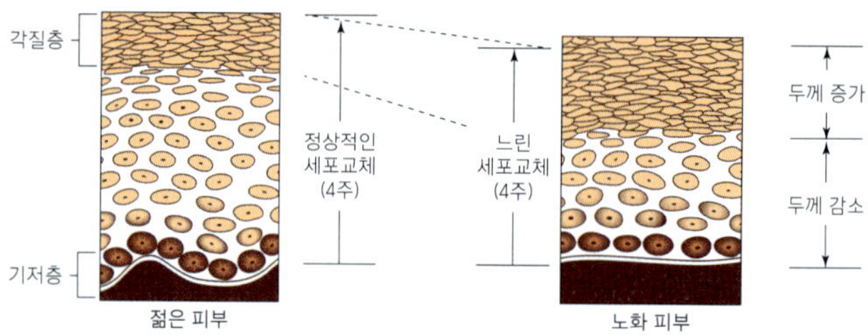

젊은 피부와 노화피부의 표피

• 진피의 노화

- 진피층의 콜라겐(교원섬유)은 그물망과 같은 구조를 형성하고, 엘라스틴(탄력섬유)은 신축성 강한 스프링 역할을 하여 피부의 윤기, 탄성, 긴장도를 유지시킨다. 피부의 노화가 진행되면서 콜라겐과 엘라스틴의 변성과 손상은 피부의 탄력이 떨어져 늘어짐 현상과 주름이 생성된다. 또한 기질(무코다당류)의 양은 여성호르몬(에스트로겐)과 상관성이 있어 연령이 증가할수록 감소되면서 피부의 수분량을 잃어가게 된다.

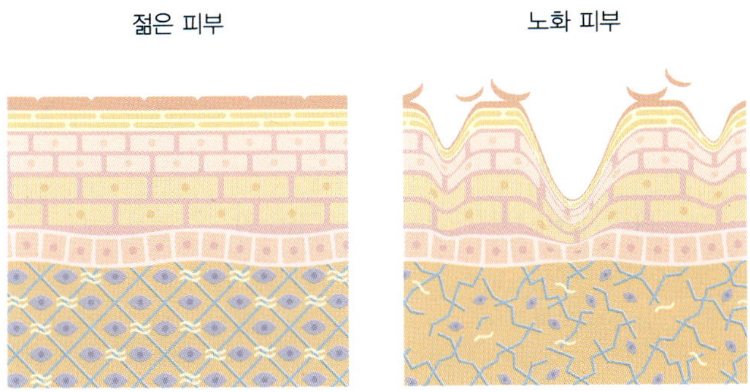

젊은 피부와 노화 피부의 진피

5 피부 식별에 따른 관리계획차트 작성

피부 국가자격증 관리계획차트

<table>
<tr><th colspan="4">관리계획차트(Care plan Chart)</th></tr>
<tr><td colspan="2">비번호 :</td><td>형별 : 미용(피부)</td><td>시험일자 20 . . .(부)</td></tr>
<tr><td colspan="2" rowspan="2">관리목적
및
기대 효과</td><td colspan="2">관리목적 :</td></tr>
<tr><td colspan="2">기대 효과 :</td></tr>
<tr><td colspan="2">클렌징</td><td colspan="2">☐ 오일 ☐ 크림 ☐ 밀크/로션 ☐ 젤</td></tr>
<tr><td colspan="2">딥클렌징</td><td colspan="2">☐ 고마쥐(gommmage) ☐ 효소(enzyme) ☐AHA ☐ 스크럽</td></tr>
<tr><td colspan="2">매뉴얼테크닉 제품타입</td><td colspan="2">☐ 오일 ☐ 크림</td></tr>
<tr><td colspan="2">손을 이용한 관리 형태</td><td colspan="2">☐ 일반 ☐ 림프</td></tr>
<tr><td colspan="2" rowspan="3">팩</td><td colspan="2">T존 : ☐ 건성타입 팩 ☐ 정상타입 팩 ☐ 지성타입 팩</td></tr>
<tr><td colspan="2">U존 : ☐ 건성타입 팩 ☐ 정상타입 팩 ☐ 지성타입 팩</td></tr>
<tr><td colspan="2">목부위 : ☐ 건성타입 팩 ☐ 정상타입 팩 ☐ 지성타입 팩</td></tr>
<tr><td colspan="2">마스크</td><td colspan="2">☐ 석고 마스크 ☐ 고무모델링 마스크</td></tr>
<tr><td rowspan="2">고객관리
계획</td><td colspan="3">1주 :</td></tr>
<tr><td colspan="3">2주 :</td></tr>
<tr><td rowspan="2">자가관리
조언
(홈케어)</td><td colspan="3">제품을 사용한 관리 :</td></tr>
<tr><td colspan="3">기타 :</td></tr>
</table>

Skin Care Clinic Chart

Name　　　　　　　　　　Date of Birth

Address

Tell(HD)　　　　　　　　(B)

Married Status　　　　　　Sex

Referred by　　　　　　　Publication

Date of cres visiting　　　　.　　.　　.

General Information

Family Physician

Sickness of Defect

Contact Lens　　　　　　Birth Control Pill

Skin Allergies

Skin Analyze & Connect

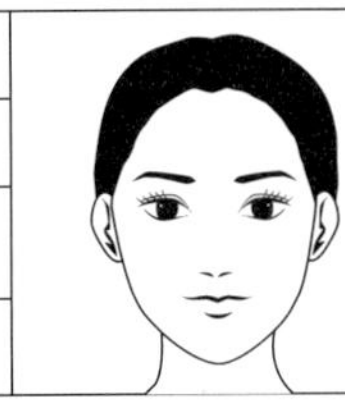

Cosmetics Prescription

Date	Cosmetic Recommend	Price	Remark

6 화장품의 피부 흡수경로

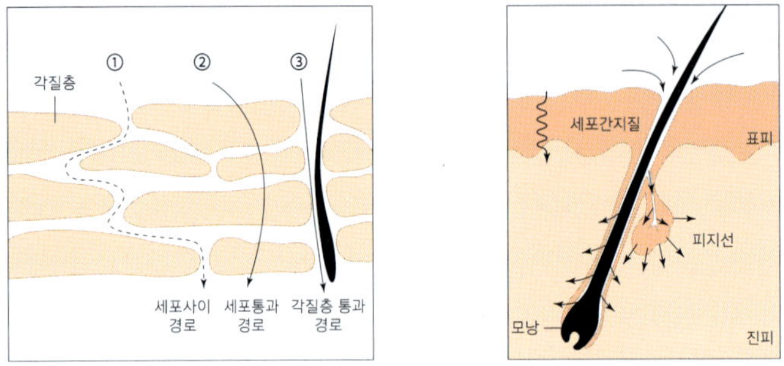

화장품의 피부흡수 경로

1_세포사이 경로(intercellular route)

각질세포와 각질세포 사이 세포간지질을 통한 흡수 경로가 있다. 피부 부속기관에 비해 느린 속도로 흡수되지만 상대적으로 면적이 넓어 비율이 높다. 기름은 기름과 잘 섞이므로 수용성 성분보다 피부에 흡수가 잘 되고, 분자량이 높은 것보다 낮은 것이 쉽게 흡수가 된다. 수용성 고분자의 경우는 거의 흡수되지 않고 분자량이 800 이하의 지용성 성분이 피부에 흡수된다.

2_세포통과 경로(transcelluar route)

일반적으로 물질은 표피의 각질층을 지나 과립층의 레인막(수분저지막)을 통과하기는 어렵다. 그러나 전기기기를 이용해 더 깊은 흡수가 가능하다.

3_부속기관 통과 경로(transappendageal route)

부속기관인 모공, 피지선, 한선은 진피층까지 연결되어 있어 각질층을 통한 경로보다는 빠르지만, 피부 표면적의 0.1%를 차지해 흡수량은 매우 적다.

7 피부와 자외선

자외선(ultraviolet rays)은 태양광선 중 60%를 차지하고 파장의 범위가 200~400nm로 지표에 도달한다. 파장범위에 따라서 UV-A(장파장)는 320~400nm, UV-B(중파장)는 290~320nm, UV-C(단파장)는 200~290nm로 구분된다. UV-A는 장파장으로 실내 유리창을 통과하여 실내에서도 늘 영향을 받기 때문에 생활자외선이라 불리고 색소침착(직접적)과 콜라겐 손상으로 주름이 발생된다, UV-B는 피부에 홍반, 일광화상, 색소침착(간접적)을 일으키며 각질층에 있는 콜레스테롤을 통해 비타민 D를 합성한다. UV-C는 피부암의 원인이 되는 것으로 알려져 있다. 인간은 380~780nm 영역에서 빛을 감지, 명암과 색체를 구별하는데 자외선은 우리가 감지 못하는 영역에 있다.

UV-A는 색소침착 및 주름 노화에 관여하고, 'PA(protection grade of uva)'로 나타내며 '+'가 많을수록 차단 효과가 길다. 보통 일상생활엔 PA^{+}, 레저활동에는 PA^{+++} 이상을 선택하는 것이 좋다.

UV-B는 홍반과 화상, 지연 색소침착에 관여하고, 'SPF(Sun protection factor)'로 나타내며 숫자가 커질수록 차단 시간이 길다. 일상생활에서는 보통 SPF 15~35, 레저활동에는 SPF 50 정도를 선택하여 사용하는 것이 좋다.

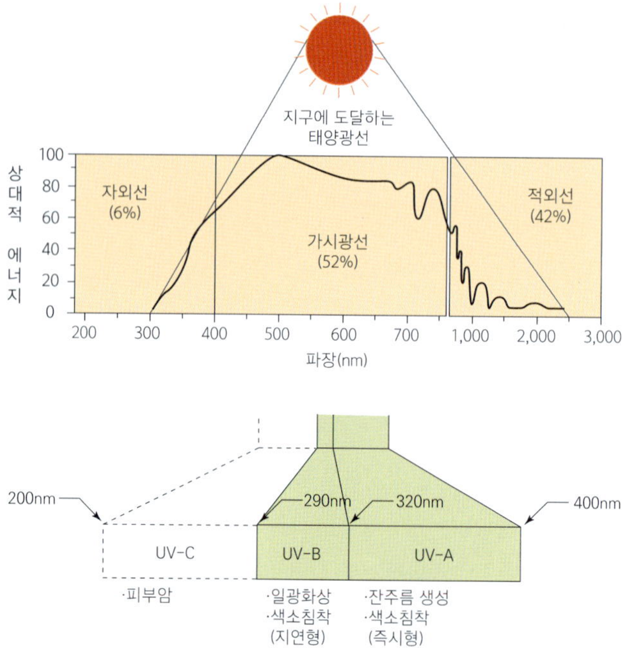

파장에 따른 자외선의 종류

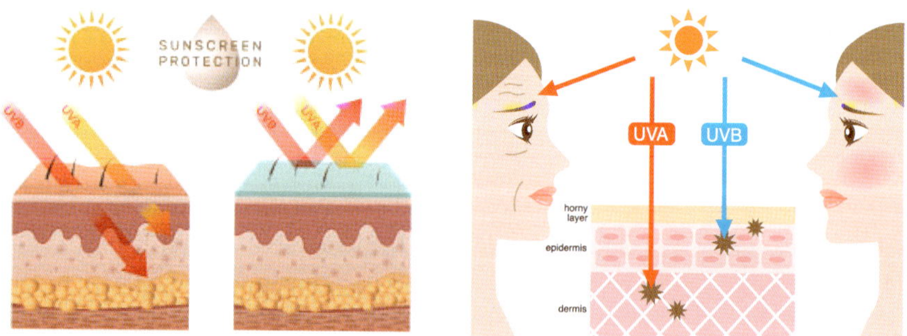

8 피부와 활성산소

피부의 색소침착 현상은 피부의 티로신이 티로시나아제(효소)의 산화반응으로 생성되고, 활성산소(active oxygen)는 반응성이 높아서 멜라닌 생성이 급격히 증가된다. 또한 활성산소의 증가로 인해 교원섬유가 손상되면 주름의 원인이 되기도 한다.

활성산소(active oxygen)는 과산화지질을 생성하고 세포 손상과 노화를 촉진한다.

활성산소의 원인으로 자외선, 스트레스, 기호식품, 과식(소화과정), 과한 운동, 환경오염물질 등에 의해 발생이 촉진된다. 활성산소를 제거해 주는 물질을 항산화제(antioxidant)라고 하며, 항산화제로는 비타민 A C, E(α-토코페롤), Q 그리고 비타민 A의 전구체인 베타카로틴(beta-carotene), 셀레늄, 카테킨, 타우린 등의 종류가 있다.

활성산소(active oxygen)는 유해산소(harmful oxygen)라고도 부른다.
지구상의 모든 생물은 생존을 위해서는 산소가 필요하다. 호흡을 통해 몸에 들어온 산소의 약 90~95%는 에너지를 생산하는 과정에 사용되고 1~2% 정도는 활성산소를 만든다.
활성산소 종류로 과산화수소(H_2O_2), 슈퍼옥사이드(O_2^-), 하이드록실라디칼(OH) 등이 있다.

9 피부 멜라닌의 억제와 합성

멜라닌 색소는 표피 기저층의 멜라닌형성세포(melanocyte) 속의 멜라노좀(melanosome)에서 만들고, 멜라노좀이 성숙되면서 각질형성세포로 전달되어 위쪽으로 이동된다. 멜라닌형성세포의 수는 인종에 따라 큰 차이가 없으며, 멜라노좀의 농도나 양에 의해 피부색이 결정된다.

멜라닌형성세포(melanocyte) 구성성분인 티로신(tyrosine)이 티로시나아제(tyrosinase)에 의해 산화되어 도파(DOPA)로, 다시 산화되어 도파퀴논(DOPA-quinone)을 거쳐 멜라닌 색소가 형성된다. 멜라닌 색소는 멜라닌형성세포의 수지상돌기(dendrite)에 의해 주위의 각질형성세포로 이동되고 다시 위쪽으로 이동되면서 각질층에서 탈락하게 된다.

또한 멜라닌 색소는 내분비호르몬의 이상, 임신, 피부 염증, 물리적 압력 등에 의해서도 생성되고, 특히 자외선(UV)으로 멜라닌 형성세포의 작용이 활발해진다.

멜라닌 색소는 자외선을 흡수하여 피부 내부로의 침투를 막아줌으로써 피부를 보호하는 작용을 한다. 하지만 자외선의 과도한 침투는 기미, 주근깨, 피부 노화, 피부암까지도 유발할 수 있다.

지금까지 멜라닌 세포는 독립적으로 존재한다고 생각했었는데 다른 세포들과 밀접한 관계를 이루고 있다는 사실이 알려지면서 사이토카인(신호전달물질)의 분비억제를 통한 미백기전도 연구되고 있다.

피부의 과도한 멜라닌 침착을 방지를 위해 생성 경로 차단

① 자외선의 차단

자외선 차단제(산란제, 흡수제)에 의한 차단

② 티로시나아제 작용억제

나이아신 아마이드, 알부틴, 닥나무 추출물, 감초 추출물

③ 도파의 산화억제

비타민 C(ascorbic acid), 비타민 C의 유도체, 글루타치온 형태로 사용

④ 멜라닌형성세포의 사멸

하이드로퀴논, 부작용으로 백반증 유발

⑤ 각질세포의 박리

각질세포와 함께 멜라닌 색소도 동시에 탈락된다(AHA, BHA, scrub, retinol, gommage, enzyme).

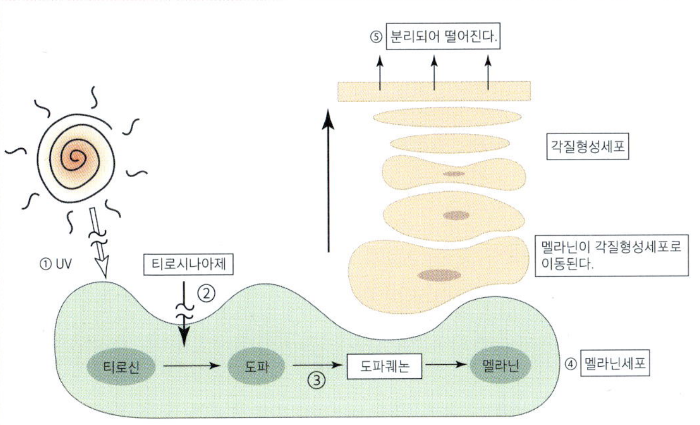

멜라닌 생성 억제 과정 작용

피부의 색은 기저층의 멜라닌(melanin) 외에도 혈액 속의 헤모글로빈(hemoglobin)과 피부의 황색색소 카로틴(carotene)이라는 세 가지 요소에 의해서 결정된다.

비타민 C

수용성 비타민 C는 아스코빅애씨드(ascorbic acid)라고도 하고, 부족 시 괴혈병이란 질병에 노출되는데 상처가 생기면 쉽게 아물지 않고, 잇몸에 출혈이 생긴다. 비타민 C는 주로 상큼한 과일인 레몬, 유자, 밀감, 고추 등에 많이 함유되어 있으며, 콜라겐 합성에 도움을 주고 미백에도 관여한다. 하지만 빛이나 열에 불안정하여 순수 비타민 C는 트러블 방지를 위해 밤에만 바르고, 수용성 비타민으로 기기를 이용하는 것이 효과적이다. 또한 순수 비타민 C 용량은 20% 이상은 가격만 오를 뿐 효과적인 부분엔 큰 차이가 없음을 알고 선택해야 한다.

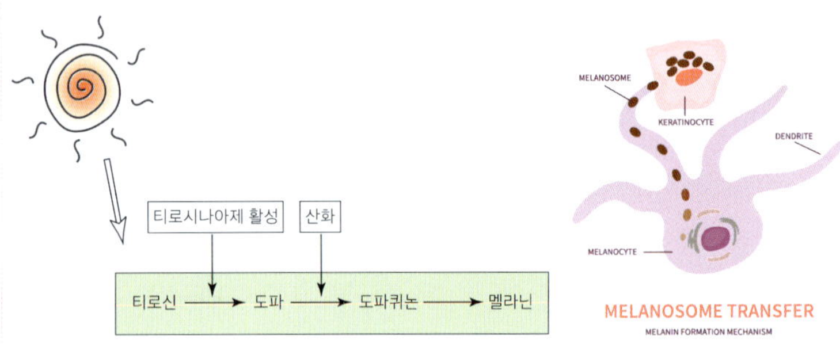

멜라닌 합성과정

2

화장품의 제형과 성분

1 화장품 제형

화장품은 원료 배합의 양에 따라 제형이 다양하고 종류도 다양해진다. 화장품은 크게 기초화장품, 메이크업화장품, 모발화장품, 바디화장품, 네일화장품으로 구분할 수 있다.

화장품 성분은 수성(水性)원료와 유성(油性)원료로 구별된다. 수성원료는 친수성으로 물에 잘 녹아들고, 유성원료는 친유성으로 기름에 잘 녹아 섞인다. 수성성분으로 보습제, 흡습제 종류가 있고, 유성성분으로 오일, 왁스가 있다. 결국 화장품은 피지막처럼 수성과 유성성분이 적절히 잘 섞여서 있는 것이다. 과거의 화장품은 단지 보호하는 것이 위주였다면 현대에 와서는 노화억제·지연, 미백 등 유효성을 주는 기능적 화장품 개념으로 계속 발전하고 있다.

1 가용화 제형

물 베이스에 소량의 오일성분이 들어가 투명하게 용해(계면활성제에 의해)되어 있는 상태의 제형을 말한다.

이때 계면활성제는 오일성분 주위로 매우 작은 집합체를 만드는데, 이것을 미셀(micelle)이라 한다. 이 미셀의 크기는 매우 작기 때문에 빛이 그대로 통과하게 되어 투명한 상태를 나타낸다. 가용화 제품으로는 화장수(토너), 향수, 에센스, 헤어토닉 등이 있다.

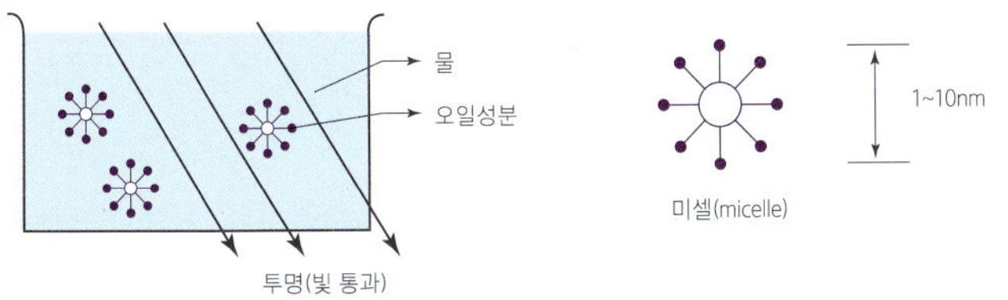

가용화 제품의 모식도

2 유화 제형

물(베이스)에 오일 성분이 계면활성제에 의하여 우윳빛(백탁화) 상태의 제품을 말한다. 이때 계면활성제는 오일방울의 표면에 흡착하여 서로 뭉쳐지지 않도록 한다.

물(베이스)에 오일 성분이 섞여 있을 때를 O/W형(수중유형) 에멀전이라 하며, 오일(베이스)에 물이 섞여 있을 때를 W/O형(유중수형) 에멀전이라 한다.

이때 섞여져 있는 오일들의 크기는 1,000~10,000nm 사이로 가용화제 미셀에 비해 약 1,000배 정도의 크기로 빛이 통과하지 못하므로 불투명한 제형이 된다. 따라서 에멀전은 뿌연 우윳빛처럼 탁하게 보이는 것이다. 유화 제형으로는 로션과 크림이 있다.

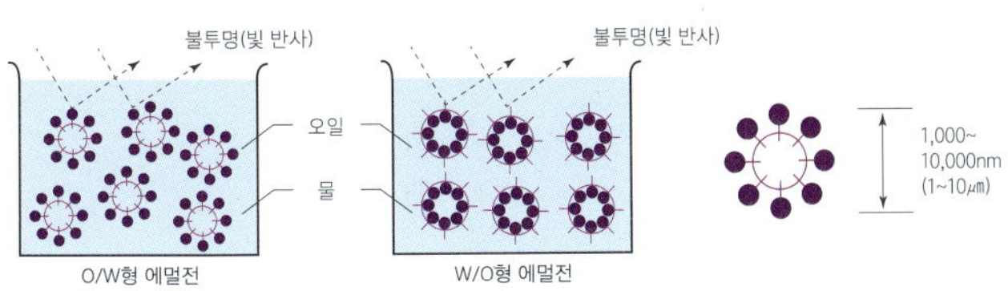

유화 제품의 모식도

3 분산 제형

물 또는 오일에 아주 미세한 고체입자가 계면활성제에 의하여 균일하게 혼합된 제형을 말한다. 이때 고체입자가 서로 뭉쳐지거나 뭉쳐져 가라앉지 않도록 표면에 흡착하는 것이 계면활성제의 역할이다. 분산제형으로는 파운데이션, 아이라이너, 마스카라 등이 있다.

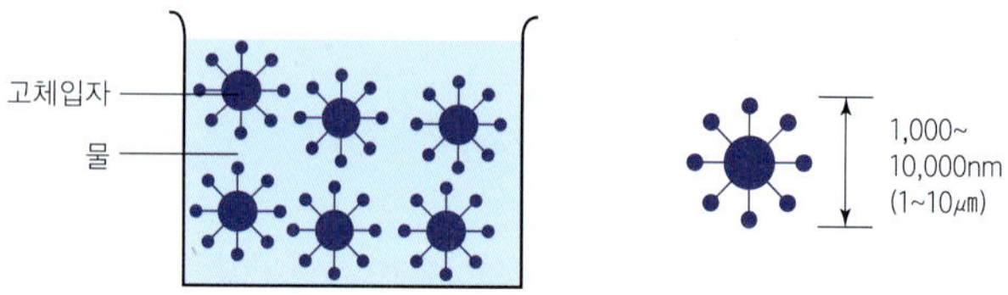

분산 제품의 모식도

미셀(micelle)

오일 성분 주위로 매우 작은 집합체를 만드는데 이것을 미셀(micelle)이라 한다.
오일 입자가 작고 수가 적으면 투명(가용화제)하지만 오일의 입자가 커지고 수가 많아지면 불투명(유화제, 분산제)한 상태가 된다.

2 화장품의 주성분과 첨가성분

1 주(主)성분

1_수성원료(친수성 성분)

① 정제수

화장품에서 물(Water)은 가장 기본적인 주원료이며 피부 건강의 필수요소로 촉촉함을 유지시키고 토너(화장수, 스킨), 로션, 크림의 기본 원료로 사용된다. 정제수는 탈이온화 과정으로 금속이온이 제거된 탈이온수와 살균과정으로 세균을 제거한 증류수를 말한다. 물속의 미네랄(금속이온)은 화장품 원료의 성분과 결합하여 제품의 안정성, 안전성에도 영향을 미칠 수 있기 때문이다. 최근에는 해저수, 플로랄 워터 등 기능을 가진 물을 이용하는 브랜드가 많아지고 있다.

② 보습제

보습제는 세 가지로 구분할 수 있다. 피부 자연적 구성인자인 천연보습인자(Natural moisturizing factor, NMF)로 아미노산(40%), 무기염(18.5%), PCA(12%), 젖산염 등이 있고, 폴리올(polyol, 다당류)에는 2가의 프로필렌글라이콜(propylene glycol), 부틸렌글라이콜과 3가의 글리세린(glycerine), 6가의 솔비톨(sorbitol) 등이 있다. 폴리올은 피부건조를 유지·완화시켜 주고 피부 대사과정에 관여하며 노화지연, 미백, 염증완화에 효과적이다. 또한 고분자 보습제로 히아루론산염(hyaluronate) 등이 있다.

고분자 히아루론산염은(수분 보유량 ↑, 흡수량 ↓) 피부 장벽 보호, 즉 수분증발을 막는데 효과적이며, 화장품산업의 발달로 인해 저분자 히아루론산염(수분 보유량↓, 흡수량↑)의 생산이 피부미용 분야에 더 많은 관심으로 이어졌다.

보습제의 종류

구 분	특 징
천연보습인자(N.M.F)	아미노산(amino acid), 무기염, 피롤리돈카르본산염(sodium PCA), 젖산염(sodium lactate), 요소(urea)
고분자 보습제	히아루론산염, 콘드로이친 황산염, 베타-글루칸(beta-glucan)
폴리올(Polyol)	프로필렌글라이콜, 1,3-부틸렌글라이콜, 글리세린, 솔비톨(sorbitol), 폴리에틸렌글리콜(polyethylene glycol, PEG), 트레할로스(trehalose)

③ 에탄올

에탄올은 휘발성으로 피부의 청량감과 각질층의 모공을 수축(수렴)시켜 주며, 주로 지성 피부에 수렴 화장수와 헤어토닉, 향수 등에 사용된다. 에탄올을 증량할수록 수렴 효과, 소독, 살균 작용이 더 올라가고 피부에는 자극적일 수 있다. 화장품에 사용되는 알코올은 술을 만들 때 사용되는 알코올과의 구별을 위해 변성알코올(SD 알코올, 부탄올, 페놀 등 첨가)을 사용하여 만든다.

2_유성원료(친유성 성분)

화장품에 사용되는 오일은 피부 수분 증발을 억제하는 보습유지와 피부를 부드럽게 하는 유연제 역할을 한다. 오일은 천연계에서 추출된 천연오일과 화학적으로 합성된 합성오일이 있으며, 천연오일 종류로는 식물성 오일, 동물성 오일, 광물성 오일이 있다.

식물성과 동물성 오일은 피부에 대한 친화성이 우수한 반면, 불안정한 불포화 결합이 많아서 쉽게 산패되는 문제가 있어서 불포화 결합에 수소를 첨가(경화)하여 안전한 형태인 포화결합으로 바꾸어 이용하고 있다. 불포화 결합인 스쿠알렌(squalene)에 수소를 첨가하여 포화결합으로 바꾼 스쿠알란(squalan) 형태로의 사용이 증가하고 있다. 식물성(트리글리세라이드) 불포화(액체) 오일에 수소를 첨가하면 포화(고체) 트리글리세라이드로 바뀌어 단단해지는데, 이를 경화유(수소첨가유)라고 한다. 경화유는 끈적임이 적고 잘 산패되지 않고 안전해 널리 사용되고 있다.

식품에서 알고 있는 트랜스 지방(trans fat)이 포화지방이며, 포화지방은 섭취 후 체내에서 잘 배출이 되지 않으므로 비만의 원인이 되고 더 나아가 질병의 원인이 되기도 한다.

① 식물성 오일

대표적 식물성 오일로 호호바 오일(jojoba oil), 로즈힙 오일(rosehip oil), 마카다미아 넛트 오일(macadamia nut oil), 올리브유(olive oil), 아보카도유(avocado oil), 아몬드유(almond oil), 야자유(coconut oil), 맥아유(wheat germ oil), 피마자유(castor oil), 월견초유(evening primrose oil) 등이 있다.

② 동물성 오일

대표적 동물성 오일로 상어 간에서 얻은 스쿠알렌(squalene), 말의 지방조직에서 추출한 마유(馬油, horse oil), 밍크의 피하지방에서 추출한 밍크 오일(mink oil), 계란 노른자의 난황유 등이 있다.

③ 광물성 오일

광물성 오일은 대부분이 석유에서 추출되는데 무색, 무취로 리퀴드 파라핀과 바셀린이 대표적이다. 포화 결합으로 산패나 변질의 문제는 없지만 지나친 유성감으로 피부 호흡에 문제를 일으킬 수 있어 보통은 식물성 오일이나 합성 오일과 혼합하여 사용하거나 사용량을 점차 감소하고 있는 추세이다.

④ 합성 오일

천연 오일에 비해 끈적임이 없고, 사용성, 안정성, 피부호흡에도 문제되지 않는다. 대표적으로 실리콘 오일로 화학적 안정성, 내수(耐水)성, 실키한 매끄러움은 현대인들의 니즈로 사용량이 급격히 늘고 있다.

오일의 종류

추출원	특징	종류
식물성	• 식물의 잎, 열매에서 추출 • 냄새는 좋은 편이나 부패하기 쉽다.	호호바 오일, 올리브 오일, 스위트아몬드 오일, 홍화유, 맥아 오일, 포도씨유, 로즈힙 오일, 피마자유 등
동물성	• 동물의 피하조직, 장기에서 추출 • 피부 친화성이 좋고 흡수가 빠른 반면 냄새가 좋지 않아 정제한 것을 사용해야 한다. • 스쿠알렌은 심해상어 간유, 올리브 오일에 소량, 사람의 피지에도 12% 가지고 있다. • 안전하게 사용하기 위해 수소를 첨가하여 스쿠알렌의 포화탄화수소 형태로 사용한다.	마유, 밍크유, 난황유, 스쿠알렌 등
광물성	• 석유에서 추출, 상온에서 액체인 포화탄화수소로 무색, 무취이다.	미네랄 오일/리퀴드파라핀
	• 석유에서 추출, 상온에서 반고체인 포화탄화수소로 무취, 무미이고 가격이 저렴하며 물에 녹지 않는다.	바셀린(페트롤라툼)
합성	• 모래에 함유된 실리카(Si), 무색, 무취, 투명, 끈적임이 거의 없으며, 발림성 우수, 내수성 우수, 온도 변화에 안정하다. 피부에는 가볍고, 실키하며 광택이 있다.	실리콘(silicon) 오일
	• 미리스틴산(고급지방산)과 이소프로필 알코올(저급 알코올)이 결합된 합성 에스테르이다. • 광물성 오일보다 끈적임이 적고, 침투력, 용해성 우수, 색소나 향료 용제로 사용한다.	이소프로필 미리스테이트 (isopropyl myristate)

⑤ **왁스**(wax)

왁스는 기초화장품, 메이크업화장품에 주로 사용되는 고형의 유성원료로, 고급지방산에 고급 알코올이 결합된 에스테르이다. 왁스는 화장품의 립스틱, 크림, 털 제거를 위해 많이 사용되며 굳기를 증가시켜 준다.

왁스는 식물성 왁스와 동물성 왁스로 나뉘는데, 식물성 왁스는 열대 식물의 잎이나 열매에서 얻고, 동물성 왁스는 벌의 벌집이나 양의 털 등에서 얻어진다.

식물성 왁스로는 야자나무의 잎을 통해 얻은 카나우바 왁스(carnauba wax)와 식물의 줄기에서 얻어진 칸델리라 왁스(candelilla wax), 시어나무 열매의 시어버터(shea butter), 호호바 열매의 호호바 오일(jojoba oil)이 대표적이다.

(a) 카나우바 야자나무

(b) 호호바 나무

(c) 호호바 열매

식물성 왁스의 재료

Jojoba oil(호호바 오일)

미국 캘리포니아나 멕시코 북부의 건조지역 호호바 나무의 열매를 냉동 · 압착하여 얻는다. 사람의 피지와 유사한 화학구조 물질들로 친화성이 뛰어나 피부 침투성과 피부 노폐물을 용해하여 지성피부에도 효과적이다. 주로 피부 마사지 오일과 아로마테라피 시 캐리어 오일로 사용된다. 그리고 에스테르(산+알코올) 화합물로 액체 왁스(liquid wax)에 속한다.

식물성 왁스의 종류

종류	출발물질
카나우바 왁스	야자유
칸델리나 왁스	칸델리나 나무
시어버터	시어나무 열매
호호바 오일(액체왁스)	호호바 열매

동물성 왁스 밀랍(bees wax)은 벌집에서 얻어지며 유연한 촉감을 부여하고 립스틱, 크림, 파운데이션, 아이섀도, 마스카라 등 여러 화장품에 이용된다. 경랍(spermaceti)은 향유고래에서, 오렌지라피 오일(액체왁스)은 심해어에서 얻어진 왁스이다. 라놀린(lanolin)은 양의 털을 통해 얻어지는데 최근에는 부작용이 많아 잘 사용되지 않고 있다.

동물성 왁스의 원료

동물성 왁스의 종류

종류	출발물질
밀랍	벌집
경랍	향유고래
오렌지라피 오일(액체왁스)	심해어
라놀린	양털

3_계면활성제

계면활성제(surfactant)는 한 분자 내에 물을 좋아하는 친수성기(hydrophilic group)와 기름을 좋아하는 친유성기(lipophilic group)를 함께 갖는 물질로 계면의 성질을 변화시킬 수 있는 특성을 가지고 있다. 계면활성제는 친수성기의 둥근 머리모양과 친유성기의 꼬리모양으로 소수성기(hydrophobic group)라고도 한다.

계면활성제는 친수성기에 따라 양이온성(+), 음이온성(-), 양쪽성(+, -), 비이온성 계면활성제로 구분된다. 양이온성 계면활성제는 살균, 대전방지(정전기), 유연하게 하는 것으로 헤어린스, 섬유린스 등에 사용되고, 음이온성 계면활성제는 세정력(거품)이 있는 비누, 샴푸, 바디클렌저 등에 사용된다. 양쪽성 계면활성제는 앞의 두 계면활성제가 공존하는 것으로 자극이 적어 베이비샴푸나 애견, 애묘의 세정 등에 사용된다. 비이온성 계면활성제는 피부자극이 가장 적으며, 주로 기초화장품이나 메이크업화장품 등에 사용된다.

피부자극은 양이온성 > 음이온성 > 양쪽성 > 비이온성의 순으로 감소한다.

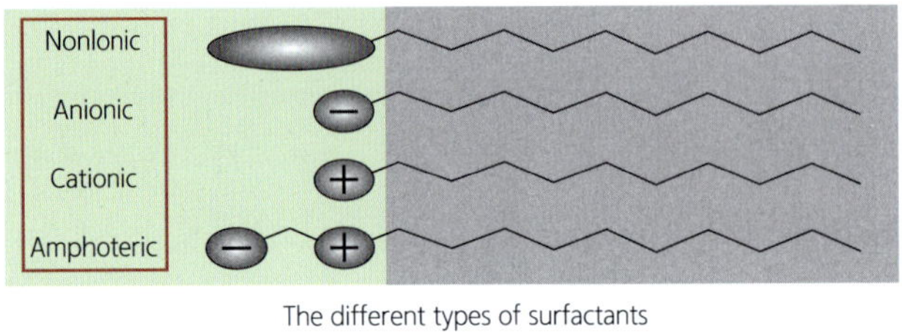

계면활성제의 기본 구조

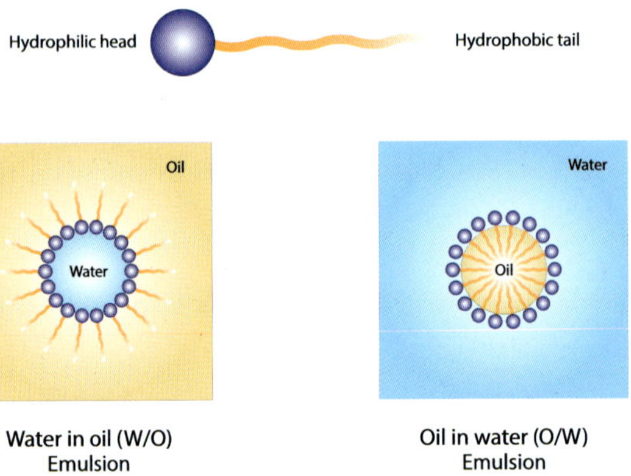

유화제의 구조

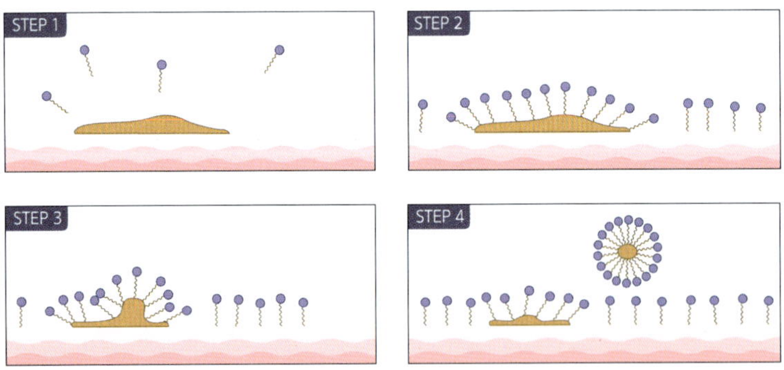

계면활성제 원리

계면활성제의 종류

분류		특징	용도
이온성 계면활성제	양이온성 계면활성제	물에 용해될 때 친수기 부분이 양이온 유연성, 대전(정전기) 방지, 살균, 독성 강함	컨디셔닝, 린스, 트리트먼트
	음이온성 계면활성제	물에 용해될 때 친수기 부분이 음이온 기포력, 침투력 우수	세정제품으로 비누, 클렌저, 샴푸 등
	양쪽성 계면활성제	알칼리에서 음이온, 산성에 양이온으로 해리	저자극의 베이비샴푸, 저자극 샴푸
비이온성 계면활성제		자극이 가장 적음	기초 및 색조화장품(세정제, 가용화제, 유화제 등)

계면활성제를 용도별로 분류하면 물과 기름이 잘 섞이는 유화제, 물에 소량의 오일을 투명하게 녹이는 가용화제, 피부의 오염물질을 제거해 주는 세정제, 물에 고체입자를 균일하게 분산시켜 주는 분산제, 거품을 없애주는 소포제로 구분할 수 있다.

HLB(hydrophile-lipophile balance)는 비이온 계면활성제의 친수성과 친유성(소수성)의 균형(0~20)을 나타내는 지표로 화장품에서 계면활성제의 종류 및 사용량을 결정하는데 주로 HLB가 사용된다 (HLB가 10일 때 자극이 가장 높다).

비이온성 계면활성제의 HLB값과 용도

HLB 값	용도
1~3	소포제
4~6	친유형(W/O) 유화제 예) 비비크림, 선크림, 파운데이션 등
7~9	분산제, 습윤제
8~18	친수형(O/W) 유화제 예) 에센스, 로션, 크림 등
15~18	가용화제 예) 화장수, 향수 등

2 첨가성분

1_안정화제(stabilizer)

화장품의 품질을 사용하는 기간 동안 일정한 상태로 유지시켜 주는 성분을 '안정화제'라 한다. 화장품의 유효기간은 보통 개봉 전에 2년 정도, 개봉 후 종류에 따라서 며칠에서부터 1년 정도로 다양하다. 화장품 안정성의 문제는 변색, 변취, 곰팡이, 성상의 분리(물, 기름) 등으로 나타나고, 이는 미생물의 번식이나 산화, 햇빛에 의한 변질로 볼 수 있다. 또한 변질된 화장품은 사람의 안전성에도 영향을 줄 수 있어 피부질환, 알레르기, 효과 등 문제를 야기시킬 수 있다. 따라서 이러한 발생을 줄이기 위해 안성화제는 중요한 역할을 한다.

① 보존제(방부제, Preservatives)

화장품은 미생물 성장에 의한 부패나 물리·화학적 변화 현상을 억제하기 위해 제품의 품질과 변질을 안정화시키고, 소비자의 건강과 안전을 지켜주기 위해 사용하는 것이 보존제이다. 이처럼 보존제는 미생물의 증가를 억제, 감소하게 해주는 물질로 배합량이 적으면 불안정하고, 많으면 트러블을 유발시키기도 한다.

보존제의 사용은 가공식품이나 음료, 의약품, 화장품 등 여러 방면에 이용되고 있다.

화장품에 주로 사용되는 보존제로 페녹시에탄올(phenoxy ethanol), 이미다졸리디닐우레아(imidazolidinyl urea), 디아졸리디닐우레아(diazolidinyl urea), 디엠디엠하이단토인(DMDM hydantoin), 파라옥시안식향산메틸(methyl paraben) 등이 있다.

이상적인 보존제 조건

- 사용에 안전할 것
- 온도 및 pH의 넓은 범위에 안정할 것
- 낮은 농도에서도 다양한 균에 효과적일 것
- 제품의 물리적 성질에 안전할 것
- 장기적 효과가 지속될 것
- 제품 안의 원료 및 포장재와 반응하지 않을 것
- 제품의 외관적(향, 색, 질감, 점도 등) 특성에 영향이 주지 않을 것
- 가격이 저렴할 것

② 금속이온봉쇄재(sequestering agent)

화장품 원료와 친화력이 없는 칼슘 또는 마그네슘의 침전을 방지하기 위해 사용하고 화장품의 산패에 영향을 미치는 철, 구리 이온을 제거하는데 Tetrasodium EDTA를 사용한다.

③ 산화방지제(antioxidant)

고분자물질, 유지류 등 산소 작용에 의한 산화를 방지하기 위해 첨가하는 물질을 일컫는다. 항산화제(抗酸化劑)라고도 한다. 종류로는 Tocopherol, Tocopheryl acetate, 부틸하이드록시톨루엔(butyl-4-hydroxytoluene, BHT), 뷰틸하이드록시아니솔(butyl-hydroxyanisole, BHA), 아스코빌 팔미테이트(ascorbyl palmitate), 아스코빌 스테아레이트(ascorbyl stearate) 등이 있다.

④ pH(수소이온농도지수)조절제

pH는 물이 산성수인지 알칼리성수인지 정도를 나타낸 수치이다. 건강한 피부의 경우 pH 5.5(pH 4.5~5.5)를 약산성 상태로 정상범위로 본다. 종류로 Citric acid, Sodium Hydroxide 등이 있다.

2_상품성

① 점도조절제

화장품의 점성을 높이거나 낮추는 물질을 말한다.

종류로는 카보머(Cabormer), 팩틴(pectin), 알긴산(alginic), 한천(寒天), 젤라틴(gelatin), 스타취(starch) 등이 있다.

점도조절제의 종류

종류	특징	용도
카보머 (Cabormer)	젤(gel) 제품에 주로 사용하는 젤(gel)화 시키는 물질로서 온도에 따른 점도 변화가 적다.	팩의 증점제, 피막형성제로 사용(폴리비닐 알코올)
팩틴 (pectin)	모든 식물의 세포벽에 존재하고 냄새가 없으며 다당류의 하나이다.	잼 · 젤리 · 풀 따위를 만드는 데 쓴다.
알긴산 (alginic)	바닷말(미역, 다시마 등)에서 얻는 다당류로 점성이 높은 유기산의 일종	유화제, 접착제, 필름 따위에 쓰인다.
한천 (寒天)	우뭇가사리 따위를 끓여서 식혀 만든 끈끈한 물질로 음식, 화장품, 공업용으로 쓰인다.	음식, 화장품, 공업용으로 쓰인다.
젤라틴 (gelatin)	동물의 뼈나 가죽, 힘줄에서 얻는 유도 단백질로 뜨거운 물에서는 잘 녹으며, 냉각하면 다시 젤 상태로 변한다.	식용, 화장품, 지혈, 공업용으로 쓰인다.
스타취 (starch)	녹말가루나 전분의 점성을 이용한다.	탄수화물, 녹말

② 색소

색소는 물이나 오일, 알코올에 용해되는 염료(dye)와 용해되지 않는 안료(pigment)로 구분된다. 염료는 물에 녹는 수용성 염료(water soluble dye), 오일에 녹는 유용성 염료(oil soluble dye)로 나뉜다.

안료는 물과 오일, 알코올에 모두 용해되지 않는 것으로 무기물질로 된 것을 무기안료, 유기물질로 된 것을 유기안료라고 한다. 그리고 염료에 마그네슘, 알루미늄 등을 넣어 물이나 오일에 녹지 않도록 만드는 것을 레이크(lake)라고 한다.

수용성 염료(water soluble dye)는 화장수나 향수, 샴푸 등의 착색에 사용하고, 유용성 염료(oil soluble dye)는 헤어 오일 등의 착색에 사용된다.

메이크업화장품에는 주로 안료(체질안료, 펄안료, 착색안료, 백색안료)를 사용한다.

메이크업화장품은 무기안료와 유기안료로 적절하게 혼합되어 있다. 무기안료는 안정한 반면 색이 선명하거나 화려하지 않으며, 아이라이너, 마스카라 등 눈화장품류에 주로 사용된다.

유기안료는 색상이 선명하고 화려하여 아름다운 반면 산이나 알칼리, 빛, 열에 불안정하며 립스틱 등에 사용된다.

화장품용 색소는 천연에서 유래한 천연색소와 석유를 원료로 한 합성색소로 구분한다. 화장품에서는 대부분 합성색소(석유)로 "타르(tar)색소"라고 한다. 또한 타르색소는 화학구조가 복잡하여 일반명으로 불리고, 국가별로 화장품 명칭은 조금씩 다르다. 미국을 시작으로 사용된 Technical name은 FD&C 또는 D&C 등의 명칭을 앞에 쓰고 그 뒤에 색상명칭과 고유번호를 붙인다. FD&C는 순서대로 Food, Drug, Cosmetic의 약자로 식품, 의약품, 화장품에 사용할 수 있는 색소를 의미한다. D&C는 마찬가지로 Drug, Cosmetic의 약자로 의약품, 화장품에 사용될 수 있는 색소를 의미한다. 예외적으로 입술이나 정맥혈관 등 피부색으로 흡수되기 쉬운 부위는 사용하면 안 된다.

FD&C : 식품, 의약품, 화장품에 사용 가능

D&C : 의약품, 화장품에 사용 가능

예) Ext. D&C : 외용의약품과 외용화장품에 사용 가능

한국과 일본은 색상(이름) 뒤에 호수(숫자)를 기록한다. 예를 들면, 적색 3호, 황색 3호와 같이 표기한다. 이처럼 국가별로 서로 다른 명칭들을 통일하기 위해 INCI명은 색상 색(Color Index, CI)을 사용하고 있다. CI는 색상 종류에 따라 뒤에 다섯 자리 고유번호가 주어진다.

예) FD&C Red No 3의 경우 CI 16185라는 다섯 숫자 고유번호를 가지고 있다.

FD&C Yellow No 5는 CI 19140, FD&C Yellow No 5 Al lake는 CI 19140 뒤에 (:)콜론을 붙인 다음 금속이온 종류 숫자를 표기한다.

예) CI 19140 : 1

색 소	염료(dye) : 물 또는 오일, 알코올에 용해되고, 색채를 부여하는 물질이다. - 수용성 염료 : 물에 녹는 염료 예) FD&C Yellow No 6 - 유용성 염료 : 오일에 녹는 염료 예) FD&C Red No 4
	안료(pigment) : 물 또는 오일, 알코올에 용해되지 않는 색소를 말한다. - 무기안료 : 색상은 화려하지 않지만 산, 알칼리, 빛에 안전하다. 예) 산화철(iron oxide) - 유기안료 : 색상은 화려하지만 산, 알칼리, 빛에 불안전하다. 예) D&C Red No 30 - 레이크 : 색상의 화려함은 무기안료와 유기안료의 중간(반) 정도이고 산, 알칼리, 빛에 불안전하다. 예) FD&C Yellow No 6 Al lake

③ 향료

향은 본연의 좋지 않은 냄새를 마킹하거나 자신과 주위 사람들에게 매력적인 이미지를 전달하기 위해 사용된다. 우수한 향의 세 가지 조건으로 지속성과 확산성, 다른 향과의 조화를 들 수 있다.

화장품의 착향제는 향료로 표시할 수 있지만 식품의약품안전처가 고시한 25가지 알레르기 유발물질에 대해서는 반드시 해당 성분의 명칭을 기재하도록 의무화하였다.

화장품에 반드시 적어야 하는 알레르기 유발성분은 모두 25가지로, 아밀신남알, 벤질알코올, 신나밀알코올, 시트랄, 유제놀, 하이드록시시트로넬알, 이소유제놀, 아밀신나밀알코올, 벤질살리실레이트, 신남알, 쿠마린, 제라니올, 아니스에탄올, 벤질신나메이트, 파네솔, 부틸페닐메틸프로피오날, 리날룰, 벤질벤조에이트, 시트로넬올, 헥실신남알, 리모넨, 메틸2-옥티노에이트, 알파-이소메칠이오논, 참나무이끼 추출물, 나무이끼 추출물 등이다.

알려지 유발물질 25가지

번호	성분명	CAS 등록번호
1	아밀신남알	CAS No 122-40-7
2	벤질알코올	CAS No 100-51-6
3	신나밀알코올	CAS No 104-54-1
4	시트랄	CAS No 5392-40-5
5	유제놀	CAS No 97-53-0
6	하이드록시시트로넬알	CAS No 107-75-5
7	이소유제놀	CAS No 97-54-1
8	아밀신나밀알코올	CAS No 101-85-9
9	벤질살리실레이트	CAS No 118-58-1
10	신남알	CAS No 104-55-2
11	쿠마린	CAS No 91-64-5
12	제라니올	CAS No 106-24-1
13	아니스에탄올	CAS No 105-13-5
14	벤질신나메이트	CAS No 103-41-3
15	파네솔	CAS No 4602-84-0
16	부틸페닐메틸프로피오날	CAS No 80-54-6
17	리날롤	CAS No 78-70-6
18	벤질벤조에이트	CAS No 120-51-4
19	시트로넬올	CAS No 106-22-9
20	헥실신남알	CAS No 101-86-0
21	리모넨	CAS No 5989-27-5
22	메틸-2-옥티노에이트	CAS No 111-12-6
23	알파-이소메틸 이오논	CAS No 127-51-5
24	참나무이끼 추출물	CAS No 90028-68-5
25	나무이끼 추출물	CAS No 90028-67-4

(출처 : 식품의약품안전처)

3_활성성분

활성성분은 주로 동·식물 추출물로 소량이지만 피부대사 생리기능에 영향을 미치는 것을 말한다. 먼저 식물성 비타민은 수용성 비타민과 지용성 비타민으로 분류되고, 소량의 비타민으로도 대사기능, 생리기능, 피부질환에 큰 도움의 역할을 한다.

① 비타민 A(retinol)

항산화 작용, 빛에 불안정하여 밤에 사용하고 지용성 vit이다. 안정화시킨 레티닐 팔미테이트(retinyl palmitate)로 사용-- 비정상 각질의 정상화(건성).

② 비타민 B2(리보플라빈, riboflavin)

지루성 피부염, 입주변 염증 시

③ 비타민 B3(나이아신, 니코틴산, 비타민 PP)

미백에 사용. 적은 양의 나이아신은 피부 붉음증을 유발하므로 부작용이 적은 나이아신아마이드를 피부에 흡수 후에 아마이드 분해효소에 의하여 나이아신으로 변한다.

④ 비타민 B5(D - panthenol)

전구체로 pro vit B5는 세포증식과 끈적이지 않는 보습 효과가 있어 민감성 화장품에 사용되고, 선텐제품에도 사용된다.

⑤ 비타민 B6(피리독신, pyridoxine)

지성피부 피지분비 억제에 사용된다.

⑥ 비타민 B7(vit H, biotin)

세포성장인자(cell growth factor)의 일종으로 부족 시 지루성 피부염의 문제가 발생할 수 있고, 손·발톱 및 모발 등의 문제에도 손상 케라틴 단백질을 회복시키므로 사용된다.

⑦ 비타민 C(ascorbic acid)

항산화 작용, 미백, 콜라겐 합성에 도움. 자극적이고 산화되는 불안정하여 주로 밤에만 사용. 안정화시킨 비타민 C 팔미테이트(vitamin C palmitate), 아스코빌 팔미테이트(ascorbyl palmitate)를 사용한다.

⑧ 비타민 E(tocopherol)

산화되는 불안정이 vit C와 같아 밤에 사용하고, 안전한 토코페릴 아세테이트(tocopheryl acetate)를 사용하며, 항산화 작용과 혈액순환 촉진 작용이 있어 노화피부에 효과적이고 지용성 vit이다.

⑨ 코엔자임 Q10(coenzyme Q10)

'비타민 Q'라고도 하며, 미토콘드리아 세포막에 존재하여 ATP(생체에너지) 생성과 vit E와 유사하여 항산화 작용으로 노화피부에 좋은 지용성 vit이다.

⑩ 동 · 식물 추출물(extract)

추출물은 동물 추출과 식물 추출물로 구분한다. 동물 추출물은 주로 1980년대에 화장품의 재료로 많이 사용되었지만 소비자 인식의 변화로 인해 1990년대 들어서면서 사용량이 급격히 줄었다. 따라서 미생물 배양으로 얻은 성분들과 식물 추출물의 사용에 활발해졌다. 식물 추출물의 경우 감초, 알로에, 금잔화, 당근, 로즈마리, 로즈, 레놀리, 재스민, 라벤더, 스테비아, 은행잎, 캐모마일, 뽕나무, 인삼, 생강, 계피 등은 중·건성 피부에 쓰인다. 그리고 레몬, 위치하젤, 유칼리투스, 멘톨 등은 지성 피부에 주로 쓰인다. 추출물은 식물에 물과 에탄올 그리고 프로필렌글라이콜 또는 부틸렌글라이콜의 2가 다가알코올을 혼합액으로 추출하여 얻는다. "틴크(tincture)"는 에탄올로 추출한 식물 추출물로 생강에서 얻은 진저틴크(ginger tincture)와 고추에서 얻은 캡사이신 틴크(capsicum tincture)가 있다.

동물 추출물

로얄젤리 추출물(royal jelly extract)

여왕벌의 먹이인 로얄젤리(일벌의 분비물)에서 추출하고 주성분은 비타민 B 복합체, 아미노산 등으로 보습, 피부면역강화 작용이다.

플라센타 추출물(placenta extract)

태반을 적출하여 저온 동결 건조시킨 후 추출한다. 주성분은 아미노산, 세포성장인자, 비타민 등으로 세포 재생, 보습, 미백 효과가 있다. 동물 특유의 냄새로 대부분 5% 이하의 농도 사용과 소, 양, 말 태반을 추출한다.

흉선 추출물(thymus extract)

소의 흉선에서 추출한 것으로 주성분은 펩타이드(peptide)이고, 피부면역 강화, 세포활성화 작용, 노화억제 작용이 있다..

양털 추출(wool extract)

양털의 지방질에서 추출한 라놀린(lanolin)은 친화성, 윤택성이 우수하고, 주로 기초, 메이크업, 모발화장품 등에 폭넓게 사용되고 있으나, 피부 알레르기가 보고되면서 민감성 피부에 사용이 제한되고 있다.

벌 추출물(bees extract)

밀납(bees wax)이라고도 하며 일벌들의 배아래 분비물질로 만들어진 벌의 집에서 추출하여 기초, 메이크업, 제모화장품에 널리 사용되고 있고, 항염, 항균, 면역력 강화, 공기정화 등의 효과가 있다. 그리고 피부 알레르기를 유발시킬 수 있으므로 성분확인 후 사용하는 것이 좋다.

포유류 추출물(mammal extract)

포유류의 점막 상피세포에서 추출하며, 뮤신(mucin)이라 하고, 보습 효과에 뛰어나 건성, 예민성, 노화에 많이 사용된다.

식물 추출물

감초 추출물(glycyrrhiza extract)

감초뿌리에서 추출하며, 진통, 소염, 항염, 상처치유 촉진, 항알레르기 작용이 있다.

계피 추출물(cinnamon extract)

계피나무 껍질에서 추출하며, 항알레르기, 항염증, 미백 작용이 있다.

금잔화 추출물(calendula extract)

금잔화꽃에서 추출하며, 진통, 소염, 상처치유 촉진, 세포재생 촉진 작용이 있다.

녹차 추출물(green tea extract)

녹차 잎에서 추출하며, 항산화, 탈취 효과가 있다.

당귀 추출물(angelica root extract)
당귀 뿌리에서 추출하며, 보습, 항아토피, 혈액촉진 작용이 있다.

당근 추출물(carrot extract)
당근 뿌리에서 추출하며, 피부대사 촉진, 혈액촉진 작용이 있다.

라벤더 추출물(lavender extract)
라벤더 꽃에서 추출하며, 수렴, 살균, 항균, 홍반 작용에 좋다.

레몬 추출물(lemon extract)
레몬 열매에서 추출하며, 수렴, 보습, 정화 작용이 있다.

로즈마리 추출물(rosemary extract)
로즈마리 잎 또는 꽃에서 추출하며, 항산화, 항균 작용이 있다.

마늘 추출물(garlic extract)
마늘 줄기에서 추출하며, 피부대사 촉진, 항균, 혈액 촉진, 항산화 작용이 있다.

살구씨 추출물(apricot kernel extract)
살구씨에서 추출하며, 항산화, 보습, 항균 작용이 있다.

상백피 추출물(mulberry extract)
뽕나무의 껍질(상백피)에서 추출하며, 항균, 여드름 치유, 미백 작용이 있다.

생강 추출물(ginger extract)
생강 뿌리에서 추출하며, 혈액 촉진, 탈모예방 작용이 있다.

스테비아 추출물(stevia extract)
스테비아 줄기 또는 식물 전체에서 추출하며, 보습 작용이 있다.

솔잎 추출물(pine needle extract)
솔잎에서 추출된 것으로 항균, 항염, 피지분비조절 작용이 있다.

알로에 추출물(aloe extract)
알로에 잎에서 추출하며, 보습, 미백, 재생, 화상, 항알레르기 작용이 있다.

은행잎 추출물(ginkgo extract)
은행잎에서 추출하며, 항산화, 혈액촉진 작용이 있다.

오이 추출물(cucumber extract)
오이 열매에서 추출하며, 통증 감소, 보습 작용이 있다.

우엉 추출물(burdock root extract)
우엉 뿌리에서 추출하며, 보습, 기미예방, 혈액촉진 효과, 발한(땀) 작용이 있다.

위치하젤 추출물(witch hazel extract)
북미의 하마멜리스(hamamelis) 나무껍질에서 추출하며, 살균, 항염, 소독, 수렴 작용, 방부 작용이 있다. 여드름 피부에 효과적이다.

유칼립투스 추출물(eucalyptus extract)
유칼리나무의 잎에서 추출하며, 살균, 항균, 혈액촉진, 수렴 및 냄새 제거 효과가 있다.

인삼 추출물(ginseng extract)
인삼 뿌리에서 추출, 대사 촉진, 혈액 촉진, 탈모예방, 피로회복 작용이 있다.

장미 추출물(rose extract)
장미꽃에서 추출하며, 항염증, 수렴, 진정 작용이 있다.

회향 추출물(fennel extract)
회향 열매에서 추출하며, 항균, 살균 효과가 있다.

해조 추출물(algae extract, seaweed extract)
다시마, 미역 등 해조(海藻)에서 추출하며, 보습, 정화, 노폐물 배출 작용이 있다.

키위 추출물(kiwi extract)
키위 열매에서 추출하며, 수렴, 항염증, 정화 작용이 있다.

카모마일 추출물(chamomile extract)
카모마일 꽃에서 추출하며, 진정, 소염, 살균, 혈액촉진, 항알레르기 작용이 있다.

비사볼롤(bisabolol)
카모마일 추출물로 보습, 일광화상에 의한 피부염 치유, 홍반을 감소시켜 준다.

아줄렌(azulene)
카모마일 추출물로 항염증, 항알레르기, 진정, 상처치유 작용이 있다.

카페인(caffeine)
녹차 · 커피 · 카카오 등의 알칼로이드(alkaloid) 성분은 쓴맛이 있다. 피부 신진대사 촉진으로 피하지방 축적 억제와 모공수축 작용이 있다. 의약품 영역에서는 흥분제, 강심제, 이뇨제로 사용된다. 수면방해가 있을 수 있다.

클로브 추출물(clove extract)
정향나무 꽃봉오리에서 추출하며, 항균, 항염, 혈액촉진, 항산화 작용이 있다.

타임 추출물(thyme extract)
백리향의 줄기 또는 잎에서 추출하며, 수렴, 보습, 방부, 재생 작용이 있다.

토마토 추출물(tomato extract)
토마토 열매에서 추출하며, 보습, 항산화, 세포재생 작용이 있다.

기타 추출물

구리펩타이드(copper peptide)

진피층 콜라겐이 노화되면 특정 펩타이드 조각이 만들어지고 특정한 신호전달(cytokin, cell - cell communication)로 섬유아세포에 신호를 주어 새로운 콜라겐의 생성을 유도한다.

사이토카인(cytokine)

세포와 세포 사이 상호간의 특정 신호전달(cell - cell communication)을 지칭한다. 예를 들어, 각질(peeling)을 제거하면 피부손상이 생기고, 손상된 피부는 사이토카인을 분비하게 하여 기저세포에 신호를 주도록 하여 새로운 세포의 생성을 촉진시키는 것이다.

세라마이드(ceramide)

세포와 세포 사이 지질의 하나로서 피부나 모발세포의 응집력을 강화시킨다. 동 · 식물에서 추출되고, 화학적으로 합성한 것을 슈도 - 세라마이드(pseudo - ceramide)라고 한다.

키토산(chitosan)

바다의 게나 새우의 껍질에서 추출하며, 보습, 피막형성, 중금속 제거 효과가 있고, 주로 모발화장품에 많이 사용된다.

콘드로이친 황산염(sodium chondroitin sulfate)

달팽이 피부, 포유류 연골에 있는 무코다당류로 고분자 보습제로 사용한다.

히아루론산염(sodium hyaluronate)

포유동물 진피층에 있는 무코다당류로 보습 효과가 뛰어나다. 소의 수정체(hyaloid)에서 최초로 발견되었고, 닭벼슬에서 추출했기 때문에 많이 사용할 수 없었고, 소비자의 의식변화와 윤리도덕상 문제로 현재는 미생물 발효방식으로 대량 생산되어 고분자 보습제로서 널리 사용되고 있다.

3 화장품의 전성분 표기

화장품의 성분표기는 미국 FDA(Food and Drug Administration, 미국 식품의약국)에서 1977년 이후부터 화장품의 성분표기를 의무화하였다.

성분표기는 제품의 배합이 많이 된 성분부터 차례대로 INCI명에 모두 기재하도록 하고 있다. 소비자가 알아야 할 권리와 화장품 성분들을 직접 확인하여 개인 피부상태에 맞는 화장품을 선택하도록 한 것이다. 이는 부작용이 발생했을 때 신속한 원인규명을 통한 소비자의 안전과 제조사의 정직하고, 안전한 원료 사용으로 제품의 품질 향상을 하기 위한 것이다.

화장품의 구성성분 중 가장 많은 배합은 물과 오일류이고, 가장 적은 배합은 보존제, 향료, 색소이다. 성분표기는 가장 많이 함유된 것을 처음에 기록하고, 함량에 따라 차례대로 기록한다. 단, 50mL 이상의 제품에만 전성분을 의무적으로 표기하고, 1% 이하인 배합물은 순서 상관없이 표시해도 무방하다.

한국은 한글표기법에 의한 전성분표시제를 2008년 10월 18일부터 실시하였다.

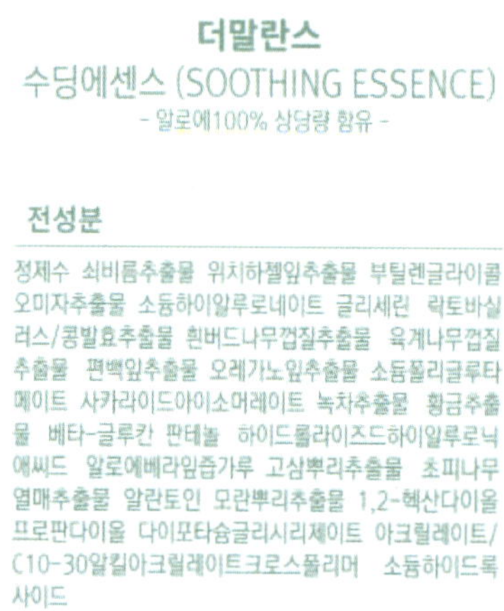

전성분 : 더말란스 수딩 에센스

- **정제수**

물(water) 의미, 유럽에서는 대개 aqua로 표기

- **쇠비름추출물**

진정, 항염

- **위치하젤잎 추출물**(구명칭)

(버지니아풍년화잎 추출물), 수렴제, 피부 컨디셔닝제

- **부틸렌글라이콜**

보습제(2가)

- **오미자 추출물**

항산화제

- **소듐하이알루로네이트**

(히아루론산염) 보습제

- **글리세린**

보습제(3가)

- **락토바실러스/콩발효 추출물**

해독, 독성 완화 분자량 낮춤

- **흰버드나무 추출물**

항염, 세포재생, 진정, 보습

• 육계나무껍질 추출물

보습, 피부 컨디셔닝

• 편백잎 추출물

진정, 미백

• 오레가노잎 추출물

진정, 소양증, 피부 컨디셔닝

• 소듐폴리글루타메이

보습제

• 사카라이드아이소머레이트

보습제

• 녹차 추출물

항산화, 항염

• 황금 추출물

항산화, 항염, 항균, 티로시나아제 활성 억제

• 베타－글루칸

보습제, 항암

• 탄테놀

vit 5, 끈적임 적은 보습제, 소양증 완화

• 하이드롤라이즈드하이알루로닉애씨드

• 알로에베라잎즙가루

진정, 보습, 항염

• 고삼뿌리 추출물

항염, 항균, 병충해 막음

• 초피나무 열매 추출물

천연 보습제

• 알란토인

진정, 소염, 항염증, 항알레르기

• 모란뿌리 추출물

진정, 혈액순환

• 1,2-헥산다이올프로판다이올

보습제

• 다이포타슘그리시리제이트

감초뿌리 추출물 : 항염, 항산화, 미백

• 아크릴레이트/C10-30알킬아크릴레이트크로스폴리머

점증제

• 소듐하이드록사이드

안정화제

4 화장품 보관

화장품은 화장품 보관 상태나 화장품 용기에 따라 변취, 변색, 변질 등 안정성의 문제가 생길 수도 있고, 이러한 제품을 사람이 사용했을 때 사람에게 독성이나 알레르기, 피부트러블의 원인이 되기도 한다. 또한 화장품의 사용기한, 개봉 후 사용기간도 안정성이나 안전성에 영향을 미칠 수 있으므로 확인 작업이 필요하다.

화장품의 보관

화장품은 빛이 닿지 않고 열이 발생되지 않는 곳, 즉 냉암소에 보관하고, 보통 15℃ 정도가 적당하다.
화장은 밝은 곳에서 하여야 하겠지만 사용 후 보관은 어두운 곳에 하는 것이 좋다. 화장품은 주성분이 물, 오일, 계면활성제로 구성되어 있어 빛과 열, 산소가 있으면 쉽게 산화하여 과산화지질로 바뀌고 피부가 거칠어진다.
화장품은 되도록 불투명 용기를 선택하고, 입구가 작은 것을 선택하는 것이 변질을 막을 수 있다.

사용기한 또는 개봉 후 사용기간

사용기한은 '사용기한' 또는 '까지' 그리고 '년/월/일'로 기재표시한다.
개봉 후 사용기간은 뚜껑을 연 후 제품의 사용기간을 기재표시한다.
사용가능기간 + M(Month) (12M : 12개월)

화장품 사용기한

유통기한은 소비자에게 안정적으로 유통될 수 있는 최종일자를 말한다.
EXP + 연/월/일, EXP + 일/월/년

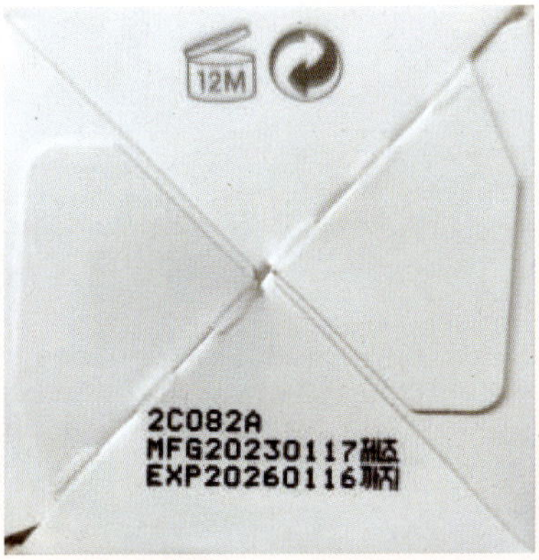

3

기초화장품

1 기초화장품

1 기초화장품의 필요성 및 사용 목적

사람의 피부는 외부로부터 인체 내부를 보호하기 위해 만들어진 큰 장벽이다. 가장 바깥쪽의 각질층은 수분과 유분의 밸런스를 유지해 피부를 외부 자극과 세균으로부터 방패 역할을 한다. 수분과 유분의 적절한 밸런스는 땀(에크린선)과 NMF(천연보습인자), 피지와 세포간 지질(세라마이드)의 피지막이 피부를 보호, 유지시키는 역할을 한다. 그러나 피부는 연령에 따른 노화, 외적요인(자외선, 바람, 건조), 내적요인(스트레스, 수면부족) 등에 의해 밸런스가 깨지고, 부족한 현상으로 진행되게 된다. 이러한 현상을 개선, 유지, 보호하기 위하여 화장품의 역할이 필요한 것이다. 즉, 화장품이 피지막의 역할을 대신해 주는 것이다.

기초화장품의 주된 목적은 피부의 청결과 피부정돈, 보호 이 세 가지를 뜻하는 것이다. 건강한 피부를 위해서 세안을 통한 청결은 기본적으로 중요하며, 세안 후의 피부 정돈, 외부환경(찬바람, 냉·난방, 건조, 공해)으로부터의 피부 보호가 필요하다. 즉, 기초화장품이란 피부의 청결, 정돈, 보호를 통한 건강한 피부를 유지시켜 주기 위해 사용하는 화장품이다.

기초화장품의 사용 목적

목적	내용
세안	피부 표면의 노폐물, 메이크업 잔여물, 먼지 등을 제거하여 피부를 청결(위생)하게 한다.
피부정돈	세안 후의 pH를 정상화시키고 빠지는 유 · 수분을 공급하여 피부를 정돈한다.
피부보호	피부정돈을 통해 세균의 침입이나 피부 안쪽과 바깥쪽의 안전상태를 유지하게 되어 피부를 보호한다.

2 기초화장품의 종류

1 세안화장품

피부에서 분비되는 피지와 땀은 시간이 지나면서 오염되고, 자극요소가 될 수 있다. 이는 모공이 막히거나 피부 신진대사(영양공급, 산소공급)에 영향을 미쳐 문제를 발생시킬 수도 있다. 수성의 노폐물과 유성의 노폐물로 구분되고, 수성의 노폐물은 물 세안으로, 유성의 노폐물은 오일 세안으로 해야 하는데, 세정력이 강할수록 피부에는 자극적이고 피부손상이 생기게 된다.

화장품을 사용한 피부에는 유분, 색소, 향, 기타 성분이 부착되어 있어 이것을 완전히 제거하지 않고 남아서 방치하게 되면 시간이 흐름에 따라 서서히 산패되거나 부패하여 미생물의 번식을 초래하거나 피부를 자극하고, 피부 생리기능에 문제가 발생되기도 한다. 따라서 피부의 청결(위생)은 피부관리에 있어 필수적이다.

세안에 사용되는 물은 중금속이온이 적게 들어 있는 연수(soft water, 단물)이다. 또한 중금속이 많이 함유된 경수(hard water, 센물)는 계면활성제에 따라 큰 영향을 미치기도 한다. 또한 습관에 따른 과도한 세정은 피부의 피지, 각질 등의 지나친 탈락으로 피부를 건조하고 민감하게 만들기도 한다. 따라서 피부타입에 맞는 세정방법과 세정제를 적절하게 사용하여 피부관리의 첫 단계인 세안 습관을 잘 형성하는 것이 중요하다.

세안제는 크게 두 가지 타입으로 첫째, 물을 사용하지 않고 제품 도포 후 닦아내는 타입의 클렌징 로션, 클렌징크림 등이 있다. 둘째, 물을 사용하여 제거하는 타입으로 클렌징폼이 있다.

최근 색조화장품들은 고객의 니즈로 잘 지워지지 않고 지속되는 화장품이 각광을 받고 있다. 이러한 색조화장품은 내수성을 가진 화장품으로 클렌징 시 물로만 색조를 지우기 어렵기 때문에, 1차로 물 없이 유성성분을 세정하기 위한 용제형 세안제로 닦아낸 후 물을 이용한 계면활성제형 이중 세안이 반드시 필요하다. 모든 세안은 메이크업 상태에 따른 용제형 세안제를 선택으로 이중 세안을 기본으로 하고 있다.

세정용 화장품의 종류로는 미용비누, 클렌징폼, 클렌징 워터, 클렌징 젤, 클렌징 로션, 클렌징 크림, 클렌징 오일로 구분할 수 있다.

세안 화장품의 제형별 종류와 특징

제형	종류	특징
녹여 닦아내는 타입 (용제형)	클렌징 크림	진한 메이크업 제거 시 효과적으로 피지나 메이크업 잔여물 등을 제거한다.
	클렌징 로션	클렌징 크림에 비해 산뜻한 사용감이다.
	클렌징 젤	수성과 유성 두 가지 타입으로 유성은 세정력이 높다.
	클렌징 워터	화장수 타입으로 세정력이 낮다.
씻어내는 타입 (계면활성제형)	클렌징폼	피부 자극이 적어 민감피부에 효과적이다. 보습제, 에몰리엔트제가 풍부해 당김, 건조증 방지에 좋다.
	고형비누 (화장비누)	유성성분과 수성성분의 세정이 동시에 가능한 편리성이 있다.
	페이셜 스크럽	미세한 알갱이 스크럽제가 연마제 역할과 모공 속에 있는 묵은 각질 제거와 노폐물 제거에 효과적이다.

1_용제형 세정화장품

① 클렌징 크림(cleansing cream)

클렌징 크림은 짙은 유성 메이크업을 했을 때 사용하기 적당하다. 피부 표면에 유분의 함량이 많아 표면의 기름때를 닦아내야 하기 때문에 물기가 없는 상태에서 피부에 직접 발라 사용하는 것이 효과적이다. 클렌징 크림으로 유성메이크업을 제거한 후 클렌징폼으로 물세안을 하는 "이중세안(double cleansing)"이 필요하다.

② 클렌징 로션(cleansing lotion)

클렌징 로션은 클렌징 크림에 비해 수분을 많이 함유하고 있어 피부에 퍼짐성이 좋고 산뜻하며 부담이 적다. 세정력은 클렌징 크림에 비해 떨어져 옅은 화장을 지울 때 적합하다. 클렌징 로션 후 클렌징폼으로 물세안(double cleansing)을 한다.

③ 클렌징 오일(cleansing oil)

모든 유형의 메이크업 잔여물을 빠르게 제거할 수 있어 편리하지만 특성은 브랜드마다 다르다. 메이크업 제거 능력과 물세안이 가능한 수용성 오일성분을 배합해 물에 쉽게 용해된다.

④ 클렌징 젤(cleansing gel)

클렌징 젤은 유성과 수성 두 가지 타입으로 각각 배합된 성분과 사용감 차이가 있다. 유성 타입은 세정력이 우수하여 짙은 화장 그리고 피지가 많은 지성, 여드름성 피부에 적합하다. 수성 타입은 유성 타입에 비해 세정력은 떨어지지만 사용감은 산뜻하고 옅은 화장을 지울 때 적합하다.

⑤ 클렌징 워터(cleansing water)

클렌징 워터는 화장수 타입으로 계면활성제와 에탄올의 배합량을 높여서 세정 효과를 증가시킨 제품이다. 가벼운 화장을 지우거나 자극이 적게 사용할 수 있다. 클렌징 워터에 많은 양의 계면활성제가 들어가면 끈적이고 사용감이 나빠져 클렌징 워터는 보통 3~5% 정도 배합하여 산뜻한 제품이 많다. 일반 화장수도 사용방법에 따른 적은 세정작용이 있어 남아있는 잔여물이나 노폐물 제거를 위해 퍼프를 이용해 닦아내는 형태로 사용된다.

⑥ 포인트 메이크업 리무버(point makeup remover)

얼굴의 특정 부분(눈과 입술), 쉽게 지워지지 않는 색조 화장을 지우기 위해 사용한다. 물층과 오일층이 분리되어 있어 사용 시 흔들어서 쓴다. 특히 눈 점막에 대한 자극을 줄이기 위해 pH 7.3으로 눈물과 같은 저자극성 성분으로 되어 있다.

⑦ 클렌징 티슈

휴대하기 간편하여 여행 시, 클렌징이 여의치 않을 때 티슈로 한 장씩 뽑아 쓸 수 있어서 매우 간편하다. 하지만 제대로 클렌징이 되지 않을 수 있으며 예민한 피부는 닦아 지워야 하기 때문에 트러블 요인이 될 수 있다.

2_계면활성제형 세안

① 클렌징폼(cleansing foam)

클렌징폼은 비누의 세정력과 클렌징 크림의 피부보호 기능이 함께 있는 것으로 젖은 손바닥에 소량 취해 두 손을 비벼 거품을 충분히 내어서 피부와 손 사이에서 물리적 자극을 줄여서 미지근한 물로 사용하는 것이 좋다. 또한 클렌징폼은 과도한 수분 손실과 탈지를 막기 위해 유성성분과 보습제가 배합되어 있어 사용 후 당김 없이 촉촉함을 유지시켜 준다.

② 고형비누(화장비누)

일반 비누는 물에 녹으면 알칼리성을 띠고 피부 표면의 피지, 땀, 메이크업, 먼지 등으로 인한 오염을 제거는 하는데 피부에는 굉장히 자극적이다. 일반적으로 건강한 피부는 약산성으로 일반 비누 세안 후 알칼리화되었던 피부가 약산성 상태로 돌아오기까지는 3시간 정도가 소요된다. 하지만 건강하지 않은 비정상 피부의 경우 시간이 길어지고 이로 인하여 세균의 침입이나 문제가 발생되기 쉽다.

2020년 이후 화장비누가 화장품으로 전환되면서 피부의 자극이 완화되도록 보습제나 보호가 될 수 있는 오일성분을 추가하는 등 자극이 완화된 화장비누가 판매되고 있다.

1차 클렌징 또는 2차 클렌징을 선택하여 사용할 수 있는 편리성이 있다.

2 각질제거용 화장품

노화된 죽은 각질을 제거하는 딥클렌징은 물리적 딥클렌징과 화학적 딥클렌징으로 나눈다.

피부 표면에 쌓인 죽은 각질세포를 제거하면 거칠했던 피부 표면이 매끄럽게 되고, 잔주름(건성피부)도 더 이상은 깊이 자리 잡지 않고, 모공 속의 피지 및 각질이 제거되면서 피지 분비(지성피부)를 조절해 주는 효과도 있다.

1_AHA(Alpha Hydroxy Acid)

AHA는 친수성으로 모든 피부에 가능한 복합과일산 각질제거제로 글릭콜릭산이 가장 많이 사용되고 있다(AHA의 농도를 pH 5.0~10% 이하를 사용하고, pH 5.0 이하는 화장품에서 보습제로 이용된다).

AHA(알파-히드록시산)의 종류 및 특징

이름	원어	특징
글릭콜릭산	Glycolic acid	사탕수수, AHA 성분 중에 분자량이 가장 낮아 침투력이 뛰어남
젖산	Lactic acid	쉰 우유에 함유되어 있으며, 천연보습인자의 구성성분으로 보습 효과도 있다.
사과산(능금산)	Malic acid	덜 익은 사과, 살구, 자두 등에 함유되어 있다.
주석산(포도산)	Tartaric acid	신포도 껍질 안쪽에 있는 성분으로 포도즙의 경우 시간경과 후 아래쪽에 침전된 물질이다.
구연산	Citric acid	감귤류로 오렌지, 레몬 등에 함유되어 있다. 분자량이 높아 각질제거 효과보다는 화장품의 pH조절제로 많이 사용된다.

2_효소(Enzyme)

효소가 주성분으로 파우더타입과 크림타입으로 적절한 시간, 온도, 습도가 발효를 도와 각질을 제거한다(피부유형에 따른 시간 조절이 필요하다).

3_스크럽(Scrub)

알갱이가 있는 제형으로 피부에 도포 후 스팀이나 물을 이용해 가볍게 문질러 제거하며, 예민한 피부는 피하고, 잘 깎인 알갱이로 된 제품을 선택해야 좋다. 눈에 들어가지 않도록 주의해야 한다.

스크럽의 효과

종류	내용
세안 효과	피지, 땀, 피부의 노폐물, 메이크업 잔여물 등을 깨끗하게 제거
마사지 효과	피부 진피 및 피하조직에 분포된 세포, 혈관 자극으로 혈액순환과 신진대사를 원활히 하여 건강한 피부 유지
각질제거 효과	노화된 각질을 제거해 세포재생을 촉진하여 각화주기 및 건강하고 맑은 피부를 유지

4_고마쥐(Gommage)

각질 분해(동·식물성) 요소를 함유하고 있어 예민 부위도 사용이 가능하다(단, 예민 부위는 자극 없게 밀어내고 닦아낸다). 근육의 결 방향으로 손가락 끝부분을 이용해 주름이 생기지 않도록 바깥쪽으로 살살 제거한다.

5_BHA(Bata-Hydroxy Acid)

BHA 성분인 살리실산(salicylic acid)은 친유성 딥클렌징제로 각질제거, 피지조절, 박테리아 성장 억제를 하여 지성피부에 사용하기 적합하다. 사용 시 처음에는 따끔거리지만 시간이 경과함에 따라 진통 효과가 나타나 자극이 줄어든다.

3 화장수(Skin lotion, Toner)

화장수는 일반적으로 각질층의 보습을 제공해 유연하게 하고 다음 단계에 사용할 화장품의 흡수를 용이하게 한다. 또한 세안 후 남아 있는 메이크업 등 잔여물을 제거하는 청결을 위해 사용하고, 세안 후 변한 피부의 pH를 약산성 보호모드로 변환시키는 목적으로 사용된다.

화장수의 기능

화장수	세안 후 남은 잔여물, 노폐물을 닦아내는 세정 작용
	피부 각질층에 수분공급을 통한 유연 작용
	세안 후 알칼리성 피부를 약산성 피부로 pH 밸런스 조절 작용

화장수는 피부타입에 따라, 용도에 따라 사용방법이 달라 화장수 사용방법을 달리해야 한다.

화장수는 일반적으로 정제수, 에탄올, 보습제를 기본으로 하여 사용목적에 따라 산, 알칼리, 수렴제 등의 성분을 배합시킨다.

화장수는 70~80%의 물에 에탄올과 다가알코올(polyol, 보습제) 등을 공통으로 만들어진 투명, 불투명한 액상타입의 제품이다.

피부상태, 사용목적에 따라 화장수를 달리 사용할 수 있는데 종류로 유연화장수, 수렴화장수, 수딩화장수, 세안화장수로 나눌 수 있다.

화장수
- 유연화장수 : 수분공급 + 피부유연
- 수렴화장수 : 수분공급 + 모공수축
- 수딩화장수 : 수분공급 + 피부진정

1_유연화장수

유연화장수는 모든 피부타입이 사용할 수 있으며, 보습제, 유연제의 함유로 피부의 각질층을 촉촉하고 부드럽게 하면서 다음 단계 화장품 흡수를 용이하게 한다.

피부를 약산성 약 pH 5.5로 하여 피부를 매끄럽고 세균 등의 침투로부터 예방해 준다.

2_수렴화장수

수렴화장수는 유연화장수에 비해 알코올의 배합량을 높이거나 수렴 작용의 성분이 배합되어 모공수축 기능을 강화시킨 제품이다. 지성피부, 여드름피부, 여름철에 일시적으로 사용하기에 적합하다. 아스트린젠트(astringent)라 불리기도 하며 피부의 각질층에 수분을 공급하고 모공을 수축시켜 땀과 피지를 조절하여 피부에 침투하기 쉬운 세균으로부터 피부를 소독, 보호하는 작용을 하며 청량감이 있다.

3_수딩화장수

수딩화장수는 예민한 피부타입에 사용하기에 적합하며 알코올(alcohol-free)이 들어있지 않고, 피부를 진정시킬 수 있는 성분이 배합된 제품이다. 화장품의 오남용과 올바른 사용법을 숙지하지 못하고, 피부타입에 맞지 않은 화장품을 사용하거나 잘못된 클렌징 습관 등의 원인을 파악하여 근본 원인을 피하는 것이 중요하다. 자극을 최소화하기 위해 뿌리는 각질층의 정상화가 필요하다.

4_세정화장수

화장수의 사용목적에 따라 사용방법이 달라야 하는데, 피부에 퍼프를 이용하여 닦아내는 형태로 사용한다. 세안 후 마지막 클렌징 단계로 피부결 정리를 위해 사용한다.

4 에센스(Essence)

에센스는 "세럼(serum)"이라는 명칭으로도 많이 불린다. 에센스는 피부보습, 보호, 영양공급으로 피부를 가볍고 매끄러운 상태로 유지시킨다. 에센스는 기능에 따라 미백, 주름개선, 보습, 진정 등 다양하게 출시되고 있다. 에센스는 크게 스킨타입, 유화타입, 젤타입, 오일타입으로 구분하고, 다량의 보습제를 함유한 스킨타입 에센스가 사용감이 산뜻하여 선호도가 높아 가장 많이 사용된다.

에센스의 형태별 특징

형태	특징
스킨타입	• 다량의 보습제 배합으로 산뜻한 사용감 • 수용성 성분만 배합 가능하여 유연 효과는 떨어짐
유화타입	• 유용성 성분의 다량 함유로 보습 및 유연 효과 • 기존의 로션 및 크림과 차별성이 적음
젤타입	• 투명한 외관과 캡슐형태로도 제품화 가능 • 사용성의 변화가 어렵고, 유용성 성분의 다량 배합이 어려움
오일타입	• 동 · 식물 유지는 친화성으로 빠른 흡수가 용이함 • 동 · 식물 유지 사용으로 정제방법에 따른 품질 차이 및 불안정성과 사용감이 떨어지기도 함

5 로션(Lotion)

세안 후 건조하고 불안정한 피부에 화장수로 빠르게 수분을 공급한 다음, 로션으로 다시 한 번 수분과 영양분을 공급해 주는 역할을 한다. 대부분의 로션은 수분 함량이 60~80%로 점성이 가볍고 낮은 크림으로 피부에 바를 때 크림보다 잘 퍼지고 빠르게 흡수되어 가볍게 사용하기에 편리하고 좋다.

로션의 유분 함량은 대개 30% 이하이고, O/W형의 유화로 피부에 산뜻하게 퍼지고 스며들며 사용 감촉도 우수하다.

로션은 피부타입에 따라 건성용, 중성용, 지성용, 복합성용, 민감성용 등 유분과 보습제의 함량을 다르게 배합한다. 그리고 산뜻하고 실키한 감촉을 위해 실리콘 사용이 늘어나고 있는 추세이다.

6 크림(Cream)

세안을 하고 나면 피부의 표면을 덮고 있던 천연보호막(피지막)의 소실로 피부는 당기고 불안정한 상태가 되는데, 외부의 자극으로부터 빠르게 피부를 보호하기 위해 천연보호막(피지막)을 대신해 사용하는 것이 크림이다. 크림은 로션과 비교하여 다량의 유분, 수분, 보습제를 공급하여 피부의 보습, 유연기능을 갖게 한다.

크림의 가장 큰 사용 목적은 피부를 외부 환경으로부터 보호하는 것이고, 유효성분들로 피부의 문제점을 개선하는 것이다. 따라서 개인의 피부타입과 사용목적에 적합한 크림을 선택하여 사용하는 것이 중요하다.

크림은 사용목적에 따라 데이 크림, 나이트 크림, 모이스처 크림, 에몰리엔트 크림, 화이트닝 크림, 영양 크림, 아이 크림, 선스크린 크림, 마사지 크림 등 다양하다.

낮에 바르는 데이 크림은 햇빛, 공해 등 낮 동안의 외부 자극으로부터 피부 보호를 위해 사용된다. 피부타입에 따른 배합된 성분이 달라 개인에게 맞는 데이 크림을 선택하여 사용하는 것이 바람직하다.

나이트 크림은 보통 유분함량이 많은 것으로 대부분의 영양 크림이 나이트 크림으로 쓰인다.

크림은 형태에 따라 O/W형, W/O형, W/O/W형, W/S 등 여러 타입이 있다.

O/W형 크림은 시원 산뜻함, 보습성, 촉촉함을 더 느낄 수 있고, W/O형 크림은 퍼짐성이 낮고 끈적임이 있으나 지속성이 좋다. 요즘은 이러한 W/O형 크림의 단점 개선을 위해 실리콘 오일을 사용하는데 W/S형 크림이라 한다.

7 팩(Pack)

팩(Pack)은 "포장하다" 또는 "싸다"에서 유래된 의미로, 유럽에서는 주로 마스크(mask)로 통용되는데, 한국에서는 두 가지, 즉 팩(pack)과 마스크(mask)가 거의 같은 의미로 쓰이고 있다. 하지만 팩과 마스크는 형태와 효과상의 차이가 있다.

팩이란 용어의 사용은 고대 이집트 시대부터 시작되었고 클레오파트라는 진흙(머드)으로 팩을 사용한 기록이 있다. 로마의 시인 오비디우스는 라놀린(양의 털에서 추출한 오일)에 벌꿀, 달걀, 밀가루 등을 섞어 팩으로 사용했다는 기록은 고대부터 미용에 많은 관심이 있는 것으로 추측할 수 있다.

팩(pack)은 얼굴에 바른 후 공기가 통할 수 있도록 얇은 피막을 만들며 굳어지지 않는다.

마스크(mask)는 얼굴에 바른 후 딱딱하게 굳어지며 바깥 공기 유입과 수분 증발이 차단되어 피부를 유연하고 유효 성분의 침투를 용이하게 한다.

팩과 마스크의 특징

종류	특징
팩(pack)	공기가 통하는 정도의 얇은 피막 형성과 굳어지지 않고 부드럽다.
마스크(mask)	바깥 공기 유입과 수분 증발이 차단되어 피부를 유연하고 유효 성분의 침투가 용이하고 딱딱하게 굳는다.

팩은 주는 작용(보습, 영양) 팩과 뺏는 작용(청결)을 하는 팩으로 구분할 수 있다.

팩은 얼굴뿐만 아니라 특정 부위나 모발, 두피, 전신적으로 사용된다. 일반적으로 팩은 얼굴에 적당한 두께로 발라서 일정 시간을 방치해둔 후 제거한다. 팩은 방치되는 과정에서 피부에 적당한 긴장감을 주고, 공기 차단으로 영양성분의 흡수를 용이하게 하여 혈액순환을 촉진한다. 또한 피부 표면의 죽은 노화각질과 노폐물을 제거함으로써 피부를 청결하게 해준다.

1_팩의 효과

① 보습 효과

외부 공기차단으로 수분손실 방지 및 팩제의 보습, 영양 작용으로 각질층이 촉촉해지고 유연해진다.

② 혈액순환 작용

팩제에 따른 피부장감과 온도 상승으로 혈액순환이 촉진된다.

③ 청정 작용

팩의 흡착 작용으로 피부의 노화각질과 노폐물 제거 작용으로 청결해진다.

2_팩의 종류

팩은 제거 방법에 따라 다음과 같이 구분한다.

① 필오프타입(peel-off type)

팩을 바른 후 건조된 필름막을 떼어내는 방식이다. 팩이 건조되는 동안 피부에 긴장감을 주어 탄력을 부여하고, 피부의 노폐물과 죽은 노화각질세포 등을 함께 제거하여 청결한 피부로 가꾼다. 필름막형성제로 폴리비닐알코올이 배합되며, 건조와 청량감을 위해 에탄올이 첨가되고, 보습을 위해 글리세린 등의 다가알코올이 첨가된다.

② 워시오프타입(wash-off type)

팩을 얼굴에 도포 후 20~30분 정도 지나서 미지근한 물로 팩제가 남지 않도록 씻어낸다. 머드(mud)는 진흙과 고령토를 주성분으로 배합하며, 물과 보습을 위해 글리세린 등이 첨가된다. 머드나 클레이, 카올린 등의 팩제는 피지흡착, 각질제거, 노폐물제거에 효과적이라 지성피부나 T존 부위에 사용하면 좋다. 또한 팩을 제거할 때 물로 씻어내어 상쾌한 사용감을 느낄 수 있고, 여름철에 효과적이다.

③ 티슈오프타입(tissue-off type)

크림 형태로 얼굴에 도포 후 10~15분 경과 후 티슈로 닦아내어 제거하는 형태로, 사용이 간편하고 우수한 보습 효과로 손쉽게 사용할 수 있으나, 다른 팩과 비교해 긴장 효과와 청결 효과가 떨어지는 것이 단점이다.

④ 시트타입(Sheet type)

얼굴 형태를 본떠 만들거나 눈 밑이나 코 등 특정 부위에 부직포 시트나 젤(gel) 시트에 각종 고농축 보습 및 영양성분을 단시간에 집중적 효과를 볼 수 있도록 만들어진 제품이다.

고흡수성 젤(hydrogel)은 부직포 시트에 비해 피부에 대한 밀착감이 굉장히 좋고 들뜨지 않게 밀착된다.

콜라겐 벨벳마스크는 콜라겐을 빠르게 냉동·건조시켜 만들어진 것으로 시트에 물을 묻혀 사용한다. 벨벳 마스크는 피부의 밀착감이 우수하고, 진정 효과가 아주 뛰어나 피부필링(peeling) 후에 자주 사용된다.

고체상의 파라핀을 기구를 이용해 열로 녹여 바르는 형태는 피부의 혈액순환과 이로 인해 피부재생에 도움이 되지만, 피부자극을 줄 수 있으므로 정상피부, 노화피부를 제외한 피부에는 주의해서 사용해야 한다.

⑤ 분말타입(Powder type)

팩제를 물에 개어서 바르는 형태의 팩이다. 대표적으로 고무(모델링) 마스크, 석고 마스크가 있다.

석고 마스크는 석고(石膏)를 물에 개어서 발랐을 때 생기는 발열 작용을 이용한 것으로, 혈액순환을 통한 재생 작용으로 노화피부에 많이 사용하고 열이 식었을 때 떼어낸다.

고무 마스크의 주요 성분은 알긴산으로 피부보습과 청정, 진정 효과가 뛰어나다. 알긴산은 미역, 다시마 등 해조류의 끈적이는 성분으로 보습, 진정에 이용되지만 바디 디톡스에도 많이 이용된다. 모든 피부에 사용할 수 있다.

3 기능성화장품

1 기능성화장품의 품질기준 성분

1_피부 미백에 도움을 주는 기능성화장품 성분

나이아신아마이드, 닥나무 추출물, 아스코빅애씨드, 아스코빌테트라이소팔미테이트, 알부틴, 알파비사보롤, 감초 추출물 등

2_피부의 주름개선에 도움을 주는 기능성화장품 성분

레티놀, 레티닐팔미테이트, 아데노신, 폴리에톡실레이티드레틴아마이드

3_자외선으로부터 피부를 보호하는데 도움을 주는 기능성화장품 성분

드리메트리졸, 에칠헥실디메칠파바, 에칠헥실트리아존, 멘틸안트라닐레이트, 시녹세이트, 호모살레이트, 징크옥사이드, 티타늄디옥사이드 등

4_모발의 색상을 변화(탈염(脫染) · 탈색(脫色)을 포함한다)시키는 데 도움을 주는 기능성화장품

강암모니아수, 괴붕산나트륨일수화물, 과탄산나트륨, 과황산칼륨, 수산화나트륨 등

5_체모를 제거하는 데 도움을 주는 기능성화장품 성분

치오글리콜산 80%

6_여드름성 피부를 완화하는 데 도움을 주는 기능성화장품 성분

살리실릭애씨드

7_탈모 증상의 완화에 도움을 주는 기능성화장품 성분

덱스판테놀, 비오틴, 엘- 멘톨, 징크피리치온

기능성화장품의 법적 범위

① 피부의 미백에 도움을 주는 제품

- 피부에 **멜라닌 색소**가 침착되는 것을 방지하여 기미 · 주근깨 등의 **생성을 억제함**으로써 피부 미백에 도움 기능
- 피부에 침착된 **멜라닌 색소의 색을 엷게** 하여 피부의 미백에 도움 기능

② 피부 주름 개선에 도움을 주는 제품

- 피부에 탄력을 주어 피부의 **주름을 완화 또는 개선에 도움 기능**

③ 피부를 곱게 태우거나 자외선으로부터 피부를 보호하는데 도움을 주는 제품

- 강한 햇볕을 방지하여 **피부를 곱게 태워주는 기능**
- 자외선을 **차단 또는 산란**시켜서 자외선으로부터 피부를 보호하는 기능

④ 모발의 색상 변화 · 제거 또는 영양공급에 도움을 주는 제품

- 모발의 **색상을 변화(탈염, 탈색)**시키는 기능**(일시적으로 모발 색상을 변화시키는 제품은 제외)**
- **체모를 제거**하는 기능**(물리적으로 체모를 제거하는 제품 제외)**

⑤ 피부나 모발의 기능 약화로 인한 건조함, 갈라짐, 빠짐, 각질화 등을 방지하거나 개선하는데 도움을 주는 제품

- **탈모 증상의 완화**에 도움이 되는 기능**(코팅 등 물리적으로 모발을 굵어 보이게 하는 제품은 제외)**
- 여드름성 피부를 완화하는데 도움이 되는 기능**(인체 세정용 제품류로 한정)**
- **피부장벽**(각질층)**의 기능을 회복**하여 가려움 등의 개선에 도움이 되는 기능
- 튼살로 인한 붉은 선을 엷게 하는 데 도움이 되는 기능

2 미백화장품

피부 미백을 위해서 첫째로 자외선을 차단하는 방법이 있고, 표피층의 각질형성세포의 안정은 사이토카인(신호전달물질)의 억제를 위한 방법이기도 하다. 또한 티로시나아제 작용(나이아신아마이드, 닥나무 추출물, 감추 추출물, 알부틴 등)을 억제하거나, 멜라닌이 형성되는 기전을 방해하면 된다. 착색된 각질세포의 제거(AHA, 스크럽, 고마쥐, 효소 등)로 사용한다.

미백화장품의 특징

구 분	특 징
자외선의 차단	자외선 차단제(산란제, 흡수제)에 의한 차단
티로시나아제 작용 억제	나이아신 아마이드, 알부틴, 닥나무 추출물, 감초 추출물
도파의 산화 억제	비타민 C(ascorbic acid), 비타민 C의 유도체 형태로 사용
멜라닌형성세포의 사멸	하이드로퀴논, 부작용으로 백반증 유발
각질세포의 박리	각질세포와 함께 멜라닌 색소도 동시에 탈락됨(AHA, BHA, scrub, retinol, gommage, enzyme)

3 피부장벽(세라마이드)화장품

유전적인 경향을 나타내기도 하지만, 현대에 와서는 생활환경, 면역체계, 정서상태(스트레스) 등 다양한 악화요인에 의해 나타나고 있다.

메디컬 영역에서의 치료가 필요하기도 하며, 치료제로는 스테로이드제로 알려져 있다. 하지만 이는 단기적 효과를 볼 때 필요하며, 계속적으로 사용하게 되면 피부층이 얇아지거나 피부 위축으로 악영향이 계속될 수 있다. 따라서 꾸준한 관리를 통해 재발되지 않도록 하는 것이 가장 중요하다.

피부장벽이 무너진 피부는 작은 자극에도 따가움이나 가려움을 느낄 수 있기 때문에 특별히 각질층의 자극을 피하는 것이 바람직하다.

피부장벽 기능(skin barrier function)을 강화시킬 수 있는 세포간지질(세라마이드 등)과 피부의 자극을 낮출 수 있는 보습 및 진정 효과를 가진 화장품 사용과 홈 케어 관리가 중요하다.

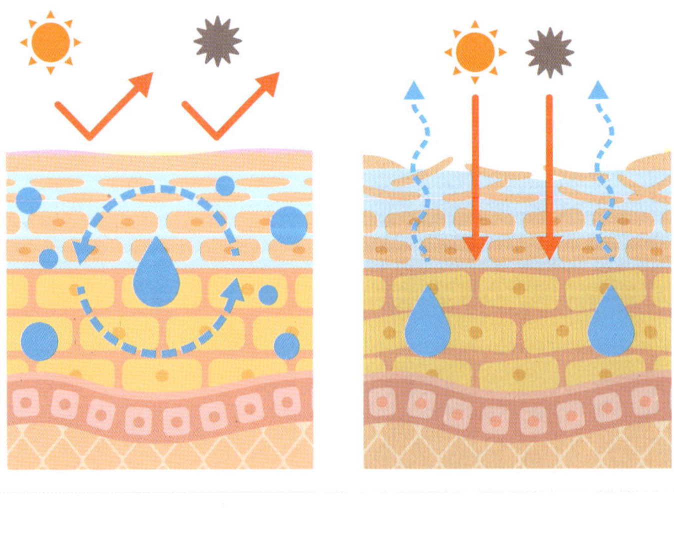

피부장벽화장품의 기능

1_피부장벽 기능을 위한 화장품 주요성분

① **세라마이드**(ceramide)

각질층 각질세포와 각질세포 사이의 지질막 성분 중 하나로 피부 표면에서 손실되는 수분을 방어하고, 외부로부터 유해 물질의 침투를 막는 역할을 한다. NMF의 주요구성 성분으로 40% 이상을 차지해 피부의 유연성에 도움을 준다.

② **히아루론산**(hyaluronic acid)

표피의 NMF(천연보습인자)가 보습을 담당한다면, 진피에서는 히아루론산이 기질에 존재해 보습제의 역할을 한다. 여성 호르몬과 관계해 노화가 될수록 히아루론산도 감소한다.

③ **젖산**(lactic acid)

쉰 우유에서 얻어 무색무취의 신맛이 나는 액체로 세포재생과 수분조절, 각질제거 작용을 한다.

4 주름개선화장품

노화란 나이가 들어감에 따라 나타나는 자연적인 현상으로 신체의 퇴행성 변화, 즉 내인성 노화(Intrinsic aging)와 주변 환경에 의한 외인성 노화, 즉 광노화(photo-aging)로 구분할 수 있다.

여러 원인에 의한 노화의 진행은 케라티노사이트의 기능저하와 NMF의 감소로 표피층의 위축이 일어나면서 진피층에도 영향을 미쳐 콜라겐, 엘라스틴의 변성으로 이어져 주름의 원인이 된다.

주름개선 기능성 고시원료의 성분 및 함량과 특징

성분명	함량	특징
레티놀	2,500IU/g	빛, 열, 공기에 의해 변질되기 쉬워 밤에만 사용해야 한다.
레티닐 팔미테이트	10,000IU/g	레티놀보다는 안정성, 안전성은 우수하지만 흡수성이 떨어진다.
아데노신	0.04%	낮 · 밤 모두 사용 가능, 피부 자극이 적고 안정성이 우수하다.
폴리에톡실레이티드레틴아마이드	0.2%	레티놀의 단점을 보완한 겔(gel)타입으로 안정성, 흡수성을 높였다.

5 자외선 차단화장품

유해한 자외선의 침투를 막아 피부를 보호하기 위해 사용한다. 선스크린(sunscreen) 또는 선블록(sunblock)이란 명칭으로도 불린다.

자외선 차단제는 자외선 흡수제(유기자차, 화학적 차단제)와 자외선 산란제(무기자차, 물리적 차단제)가 있다.

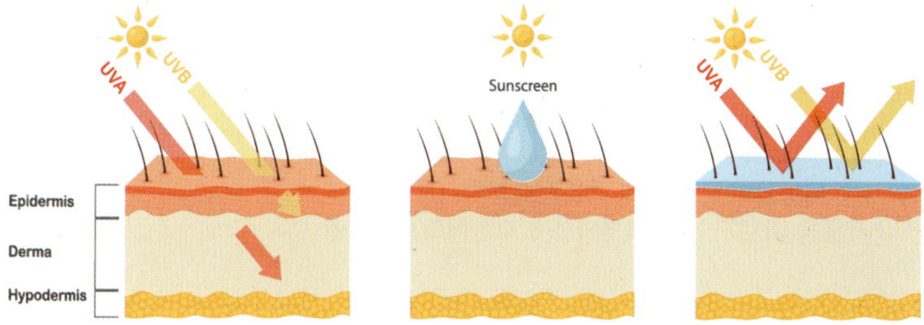

자외선 흡수제(유기자차, 화학적 차단제)
자외선을 피부 안으로 흡수 - 열로 바뀜

자외선 산란제(무기자차, 물리적 차단제)
자외선을 물리적으로 반사시킴

자외선 차단제는 UV-A, UV-B ray로부터 사람의 피부를 보호한다.

자외선 차단제 종류

성분명	화학적 차단제	물리적 차단제
원리	자외선을 열로 바꿈	자외선을 물리적으로 반사시킴
성분	에칠헥메톡시신나메이트, 옥시벤존, 옥토크릴, 옥틸메톡톨시신나메이트, 아보벤존 등	징크옥사이드 티타늄디옥사이드
장점	발림성, 사용감 좋음	유지력이 뛰어남
단점	30분 전에 발라야 차단 효과 있고, 예민 피부, 화농성 여드름 피부는 자극적이다.	백탁현상이 있고, 모공이 막힐 수 있다.

SPF

SPF는 Sun Protection Factor의 약자이고, UV-B 차단 효과를 나타내는 지수이다.
사람의 피부에 자외선 차단제품을 사용했을 때와 자외선 차단제를 사용하지 않았을 때 홍반(erythema)을 일으키는 UV-B의 최소량(Minimum Erythema Dose, MED)을 비율로 계산한 것이다.

$$\text{SPF} = \frac{\text{제품을 바른 피부의 최소홍반량}}{\text{제품을 바르지 않은 피부의 최소홍반량}}$$

PA

PA는 Protection factor of UV-A의 약자로 UV-A 차단을 나타내는 지수이다.
PA^{+}, PA^{++}, PA^{+++}로 표시하는데, +가 1개면 자외선 차단제를 바르지 않은 것에 비해 2~4배 보호된다는 의미이고, ++면 4~8배, +++는 8배 이상을 의미한다(one plus, two plus, three plus로 읽음).

$$\text{PFA} = \frac{\text{제품을 바른 피부의 최소지속형즉시혹화량}}{\text{제품을 바르지 않은 피부의 최소지속형즉시혹화량}}$$

선탠화장품

선탠(suntan)화장품은 피부가 손상되지 않고 자외선에 의해 서서히 멜라닌 색소의 생성량을 늘어나게 하는 것이다. 강한 자외선에 오랜 시간 노출되면 피부 조직 손상으로 피부 홍반과 물집이 생기는 선번(sunburn)이 일어난다. 따라서 대부분의 선탠화장품은 UV-B를 차단하는 차단제를 적절히 배합하고 있다.
셀프탠닝(self-tanning) 제품의 성분은 디히드록시아세톤(dihydroxy acetone, DHA)으로 피부의 아미노산을 갈색의 색소로 변하게 하는데, 각질층의 윗부분에만 작용하여 멜라닌 색소를 만드는 기저층에는 영향을 주지 않아 색소 침착의 우려가 없다. 또한 자외선에 의한 피부 손상이 전혀 없다. 제품을 바른 뒤 2~3시간 지나면서 점차 갈색으로 변하며 보통 6시간 정도 지나게 되면 효과가 나타나고, 원하는 부위에 선택적으로 사용 가능하다. 바르는 횟수로 색상 조절을 하며, 지속력이 3~4일 정도이므로 색상을 유지하고 싶으면 2~3일 간격으로 덧발라 주는 것이 좋다(제품을 바른 후 즉시 손을 씻어 손바닥에 색소 침착이 되지 않도록 주의).

6 여드름화장품

여드름(acne)은 주로 사춘기 학생에게 많이 발생한다. 여드름은 각질세포의 과도한 증식(유전성 83%)으로 정상적인 피지 분비가 이루어지지 않아 모공에서 여드름균의 번식으로 발생되며, 남성호르몬(androgen)의 자극으로 인해 피지 분비가 왕성해져 도화선의 역할을 한다.

여드름균이 좋아하는 먹이가 피지이기에 지성피부에서 주로 발견이 된다.

여드름은 크게 비화농성 여드름(화이트헤드, 블랙헤드)과 화농성 여드름(구진, 농포, 결절, 낭포)으로 구분된다.

여드름 유발성 물질로 석유계에서 얻는 유동 파라핀, 바셀린과 양모에서 얻어지는 라놀린이 있다. 여드름 유발성 물질이 함유되지 않은 화장품(논 코메도제닉, non-comedogenic)을 사용하도록 권장하는 것이 중요하다. 여드름화장품은 각질의 박리를 원활히 하고, 살균과 박테리아 성장 억제를 하는 기능이 있어야 한다.

피지분비 억제제로 인삼 추출물, 우엉 추출물, 로즈마리, vit B6, 에스트라이올, 에스트론 등이 있고, 각질제거 성분으로 살리실산, 유황, BHA, AHA 등과 박테리아성장억제로 벤조일퍼옥사이드, 염화벤잘코늄, 트리크로로카루반 등이 있다. 벤조일퍼옥사이드는 세균 증식을 억제하나 과량 도포 시 피부를 건조하게 할 수 있어 주의해야 한다.

여드름화장품의 작용원리

작용원리	대표성분
피지분비 억제	인삼 추출물, 우엉 추출물, 로즈마리, vit B6, 에스트라이올, 에스트론, 에티닐에스트라디올
각질 제거	살리실산, 유황, BHA, AHA, 효소 등
박테리아 성장 억제	벤조일퍼옥사이드, 염화벤잘코늄, 트리크로로카루반 등
기타	감초 추출물, 비타민 A와 유도체, 글리칠리틴산(항염증제) 등

4

메이크업 화장품

1 색(컬러)과 메이크업

인간의 감각 중 시각의 대상으로 느끼는 색은 심리적으로 큰 효과를 미치는데, 화장품에 색채가 사용되는 것은 심리학적 측면으로 화장품의 이미지 및 구매 욕구를 일으키는 요인으로 큰 역할을 담당하기 때문이다.

모든 색은 성질과 특성을 달리하고 있어 색을 구별하는 데에는 색을 부르는 명칭이 있어야 하고, 색의 명암을 정하여야 하며, 색의 강약을 표시하여야 한다. 이렇게 구별하는데 필요한 색상, 명도, 채도를 색의 3속성이라고 한다.

색은 빛의 파장에 따라 차이가 드러나는 물리적인 시·지각의 특성으로 인간의 눈이 지각하는 물리적인 자극의 차이가 색을 구분하게 한다.

색의 3속성 중 첫 번째 색상은 다색광인 백색광이 분화되어 볼 수 있는 스펙트럼 상의 색으로 각기 다른 색파장을 갖는 가시광선이, 대상의 표면에서 선택적으로 흡수, 반사, 산란, 굴절, 간섭, 회전되는 현상에 의해서 빨강, 주황, 노랑, 초록, 파랑, 남색, 보라색 등으로 드러나서 인지되는 색을 말한다.

두 번째 명도는 광도라고도 하며, 색의 밝기의 정도로 밝음 또는 어둠을 나타내는데, 명도가 높은 색은 밝고 경쾌한 느낌을 갖게 하고, 명도가 낮은 색은 검소하고 차분한 느낌을 갖게 하는 특성이 있다.

세 번째 채도는 물체 표면의 색의 강도를 동일한 밝기의 무채색으로부터의 거리로 나타낸 감각의 속성을 척도화한 것으로, 색의 짙음 또는 옅음으로 표현할 수 있다. 채도가 높은 색은 색 자체의 화려함을 느끼게 하고, 채도가 낮은 색은 무게감, 안정감을 느끼게 한다.

색은 시각적 아름다움을 표현하는 수단으로 아주 중요한데, 메이크업의 경우 자기와 가장 잘 어울리는 색을 찾아내는 것이 무엇보다 중요하다고 할 수 있다. 요즘 퍼스널 컬러가 나만을 위한 맞춤형이라는 용어를 선호하는 MZ 세대들에게 인기가 있는 이유도 이와 연계되는 부분이라고 할 수 있다.

메이크업화장품은 용모를 아름답게 변화시켜 본인의 결점을 보완하면서도 개성을 살려 나만의 매력을 표현하는 제품이라고 할 수 있는데, 메이크업화장품은 화장을 의미하는 색조화장품으로 정의할 수 있다.

메이크업화장품의 역할로는 미적 역할, 보호적 역할, 심리적 역할이 있는데, 메이크업을 통해 외적인 아름다움만을 표현하는 것이 아니라 기분 전환을 통해 활력이 생기게 하고, 즐거움과 변화하고 싶은 욕망을 통해 만족감을 부여할 수 있다.

메이크업화장품은 베이스 메이크업화장품과 포인트 메이크업화장품으로 나눌 수 있다. 베이스 메이크업화장품은 피부의 색을 균일하게 정돈하거나 기미나 여드름 등의 피부 결점을 커버하여 피부톤을 아름답게 보이도록 하는 효과가 있으며, 포인트 메이크업화장품은 눈과 입술, 볼 등에 색을 부여하여 입체적이고 나만의 개성을 표현하여 아름답고 매력적인 용모로 돋보이게 하는 효과가 있다.

메이크업화장품을 구성하는 주요 성분 중 색을 담당하는 안료성분은 크게 착색안료, 백색안료, 체질안료, 펄안료 등이 주로 사용된다.

착색안료는 유기안료와 무기안료로 나뉘며 유기안료로는 식품, 의약품 및 화장품에 사용이 가능한 타르계 색소가 대표적이다. 무기안료로는 황색 산화철, 흑색 산화철, 적색 산화철 등이 대표적이다. 백색안료는 이산화티탄, 산화아연이 대표적이며, 체질안료는 탈크, 카올린, 벤토나이트, 마이카 등이 대표적으로 사용된다. 펄안료에는 어린박(魚鱗箔), 옥시염화비스무스, 운모 등이 주로 사용된다.

2 퍼스널 컬러

1 퍼스널 컬러의 정의

퍼스널 컬러란 사람의 피부톤과 가장 잘 어울리는 색상을 찾는 색채학 이론 중의 하나로 사람의 피부톤에 어울리는 색상을 웜-톤, 쿨-톤으로 나누거나, 계절에 따라 나누어 봄, 여름, 가을, 겨울로 나누어 분류하는 것이 일반적이다. 현재 뷰티에서는 메이크업이나 헤어의 색상을 선택할 때 사용하나 범위를 좀 더 크게 확대하여 색조화장품이나 옷, 장신구 등 나에게 어울리는 맞춤형 색을 선택하여 나의 아름다움을 더욱 자신 있게 표현하고자 하는 방식으로 사용되고 있다.

퍼스널 컬러의 역사는 색채학의 시작과 같이 하는데, 퍼스널 컬러는 한 사람의 미학자에 의해 개발되었다기보다는 다양한 분야의 미학자들에 의해 차츰 발달되어 지금의 이론을 정립하게 되었다, Albert Henry Munsell은 먼셀 색체계를 만들었으며, Johannes Itten는 주관적인 색의 느낌인 퍼스널 컬러를 봄, 여름, 가을, 겨울 사계절로 나누어 객관적인 색채가 예술적으로 더 높은 가치를 지니고 조화롭게 구성하는데 영향을 미친다고 정의하였다.

이처럼 요즘에 유행하는 퍼스널 컬러는 과학적 이론을 근거로 한다기보다는 색채학을 중심으로 맞춤형 트랜드의 하나로 다양한 분야에서 적용되며 성장하고 있다.

2 계절에 따른 퍼스널 컬러의 분류

계절에 따른 퍼스널 컬러의 분류는 서양에서 시작되어 눈동자와 머리색이 각각 다른 백인을 기준으로 하기 때문에 동양인에게는 잘 맞지 않을 수 있다. 백인의 경우 눈동자나 헤어컬러를 위주로 진단하는 경우가 많으나 동양인의 경우는 피부톤을 좀 더 중시 여기는 특징이 있어 피부톤을 중심으로 진단하는 경우가 많다. 또한 색의 명도와 채도에 따라서 좀 더 세분화하여 분류할 수 있다.

1_봄(웜-톤)

① 베스트 컬러

고명도 · 중채도 · 저채도의 밝은색의 노란색, 아이보리, 노란색, 주황색, 코랄 핑크, 피치, 민트, 라이트 웜 아쿠아, 옐로우 그린 등

② 워스트 컬러

한색 계열, 은색, 무채색, 와인색 등

③ 베스트 톤

Pale - Light Vivid

④ 워스트 톤

Grayish - Dull-Dark - Deep

SPRING
SEASONAL TYPE
HAIR
EYES
SKIN
BEST COLORS

2_ 여름(쿨-톤)

① 베스트 컬러

고명도 · 저채도의 흰색빛과 푸른빛이 들어간 파스텔 컬러, 흰빛의 아이보리, 파스텔 핑크, 파스텔 아쿠아, 라이트 블루 그레이, 아쿠아 블루, 라벤더, 라일락, 바이올렛 등

② 워스트 컬러

검정색, 주황색, 금색, 노란색 등

③ 베스트 톤

Whitish Pale Soft

④ 워스트 톤

Deep - Dark - Dark Grayish

SUMMER

SEASONAL TYPE

HAIR

EYES

SKIN

BEST COLORS

3_가을(웜-톤)

① 베스트 컬러

저명도 · 저채도의 진하고 탁한 톤으로 모든 색에 노랑과 검정이 혼합, 회백색, 웜-베이지, 금노랑, 겨자색, 마호가니, 주황색, 주홍색, 모스그린, 올리브, 틸 블루 등

② 워스트 컬러

흰색, 회색, 검정, 파스텔 톤의 옅은 색, 한색 계열, 선명한 원색 등

③ 베스트 톤

Dull - Deep - Grayish

④ 워스트 톤

Whitish - Blackish - Pale - Light Vivid

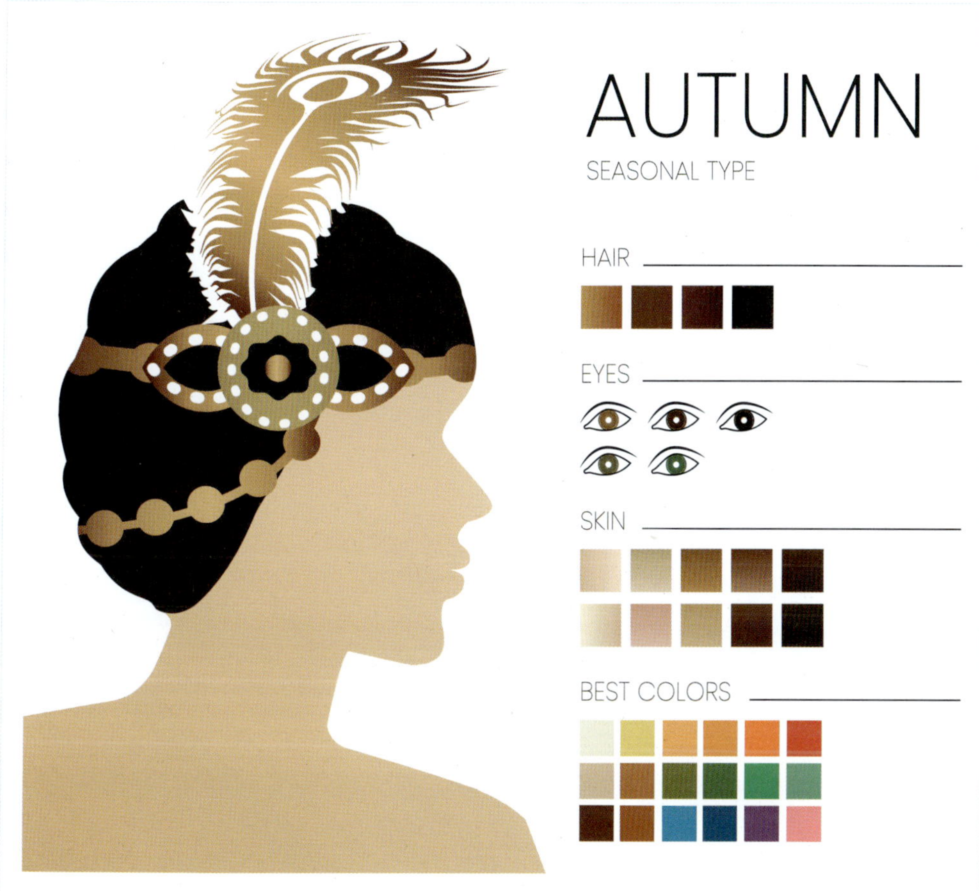
AUTUMN
SEASONAL TYPE
HAIR
EYES
SKIN
BEST COLORS

4_겨울(쿨-톤)

① 베스트 컬러

저명도 · 고명도, 저채도 · 고채도의 대조적 색조 관계로 콘트라스트가 강한 색, 순백색, 검은색, 네이비, 마젠타, 트루레드, 와인색, 남색 등

② 워스트 컬러

베이지색, 주황색, 금색 등

③ 베스트 톤

Whitish - Pale - Vivid - Dark

④ 워스트 톤

Light Grayish - Soft - Dull

WINTER
SEASONAL TYPE
HAIR
EYES
SKIN
BEST COLORS

3 퍼스널 컬러의 장점

① 본인에 맞는 맞춤형 컬러를 찾아줄 수 있다.

② 개개인이 가지고 있는 아름다움과 개성을 최대한 표현할 수 있다.

③ 맞춤형 메이크업, 헤어, 의상, 소품 등을 선택할 때 시간을 절약할 수 있다.

④ 피부색과 얼굴형을 보완할 수 있다.

⑤ 자신만의 이미지로 자신감과 자존감을 높일 수 있다.

⑥ 경제적 효율성을 높일 수 있다.

3 메이크업화장품의 구성

1 메이크업 베이스

색상이나 명암이 고르지 못한 얼굴을 정리하기 위해 사용하는 제품으로 파운데이션이나 파우더의 효과를 상승시키기 위해 사용되는 보조 파운데이션이다. 기본적인 처방이나 구성은 파운데이션과 유사하지만, 파운데이션에 비해 안료의 양이 적은 것이 특징이다.

메이크업 베이스는 자신의 피부색의 단점을 커버하여 본래 피부보다 생기 있고 깨끗한 피부로 연출하는 효과가 있다. 또한 화장이 들뜨는 것을 막아 더욱 밀착될 수 있게 하여 화장을 오래도록 지속하는 효과가 있다. 파운데이션이 피부에 주는 부담이나 손상을 막아주고, 추가적으로 자외선으로부터 피부를 보호해 주는 역할을 담당한다. 메이크업 베이스를 선택할 때는 피부색이나 색조에 따라 적합한 색상을 선택하여야 한다.

1_녹색

붉고 예민한 부위나 여드름 등의 붉은 염증이 있는 피부

2_노란색

기미, 주근깨, 어두운 피부 등 어두운 색을 중화시켜 자연스러운 혈색 표현

3_분홍색

창백한 피부에 혈색을 부여하여 화사한 피부색 표현

4_보라색

노란 피부를 중화시켜 자연스러운 피부색 표현

2 파운데이션

파운데이션은 피부색을 조절 및 보정하는 효과와 피부가 가지고 있는 결점을 커버하여 아름답고 매력적인 피부색을 갖도록 도움을 주는 제품을 말한다. 또한 최근에는 피부의 주름개선 효과나 자외선 차단 등의 기능이 추가적으로 부합된 제품들이 출시되고 있다.

파운데이션은 안전성이 뛰어나야 하며, 중금속이나 미생물 등의 오염이 없는 안정성이 높아야 한다. 또한 지속성이 우수하고 도포색과 외관색의 차이가 적고 광원에 따라 색상에 변화가 없는 것이 좋다.

1_유화형 파운데이션

① 리퀴드 파운데이션

안료와 기름 입자가 수상에 분산되어 있는 O/W형 파운데이션을 말한다.

사용감이 가볍고 피부에 대한 이질감이 적으며 번들거리지 않는다. 그러나 수분의 함유도가 높아 안정성이 떨어지는 단점이 있고, 커버력이 다른 제형에 비해 떨어진다.

지성, 여드름 피부에 사용하기 좋다.

② 크림 파운데이션

안료와 수분 입자가 유상에 분산되어 있는 W/O형 파운데이션으로, 유분이 많아 피부 밀착감이 우수하다. 커버력이 좋은 편이며 주로 건성, 노화 피부에 사용하기 좋다.

2_유성형 파운데이션

유성형 파운데이션은 왁스 등을 포함한 유성원료 50~60%와 체질안료나 착색안료가 40-50%로 구성되어 있는 제형으로 피부 부착성이 뛰어난 장점이 있다.

피부의 잡티나 트러블을 커버하는 효과가 뛰어나지만, 상대적으로 유분 함량이 높아 지성피부나 여드름 피부 등에 사용 시 트러블을 발생시킬 수 있다.

① 스킨커버

안료를 오일과 왁스에 고루 혼합 · 분산시킨 것으로 크림 파운데이션보다 밀착감, 내수성 및 커버력이 우수한 장점이 있다. 그러나 피부호흡 등을 방해하여 피부를 질식시키거나 모공을 막아 트러블을 발생시킬 수 있다.

피부 단점 커버 및 무대화장, 사진 촬영 등에 널리 사용된다.

② 스틱타입

안료를 오일과 왁스에 골고루 혼합·분산시킨 것으로 피부 밀착감이나 내수성, 커버력이 우수하다. 피부 단점 커버 및 무대화장, 사진 촬영 등에 널리 사용된다.

3_ 압축 고형 파운데이션

파우더를 압축하여 고형으로 성형한 제품으로 휴대가 간편하고 편리하게 사용할 수 있는 장점이 있다.

파우더를 압축 형태의 고형으로 성형할 때에는 분체 안료 간의 접착력과 결합력을 향상시키기 위해 사용 목적을 고려하면서 소량의 오일이나 왁스, 계면활성제 등을 배합하는데, 이것을 결합제 또는 바인더라고 한다.

① 투웨이 케이크

발수 처리가 되어 있는 안료가 주요 성분으로 내수성이 우수하며, 피지나 땀 등에 의해 쉽게 지워지지 않은 장점이 있다.

사용 시 젖은 스펀지나 마른 스펀지 모두 사용이 가능하여 투웨이 케이크라고 하며, 젖은 스펀지 사용에도 물을 흡수하지 않아 메이킹 현상이 발생하지 않는다.

② 파우더 파운데이션

파우더와 투웨이 케이크의 중간 형태로 자연스러운 마무리 화장과 피부색 보정이 가능한 장점이 있다. 스피디한 메이크업이나 외출 시 수정 메이크업에 간편히 사용하기 좋은 제품으로 번들거림 없이 매트한 느낌을 준다.

3 파우더

얼굴의 베이스 메이크업 기능을 갖는 제품으로, 파우더 안료를 주축으로 한 제품으로서 파우더라는 분체가 갖는 본래의 성질을 유지하여 화장 효과를 기대하는 제품이다. 파우더의 성상을 일정한 형태로 유지하기 위해 결합제나 색소, 향 등을 사용하지만 제품의 대부분을 차지하는 것은 파우더이다.

땀과 피지로 인해 화장이 번지거나 지워지는 것을 막아주고 피부의 잡티보완 및 얼굴의 색조를 조정하여 아름답게 보이게 하려는 목적이 있으며, 파운데이션류의 유분기를 제거하여 메이크업의 지속성을 높이는 데에도 사용된다.

1_가루분

고형으로 성형되어 있는 제품과 달리 유분이 전혀 배합되어 있지 않고 안료만으로 이루어져 있기 때문에 화장품의 유분이나 피지 등으로 화장이 지워지는 것을 막으며, 파운데이션의 지속성을 높이는 장점이 있다. 또한 메이크업 마무리 시 다양한 색감과 화사하고 은은한 블루밍 효과를 주며, 피부톤을 밝고 화사하며 자연스럽게 보이도록 하는 효과가 있다.

2_콤팩트 파우더

가루분에 비해 사용이 간편하고 휴대가 간편한 고형상태로 만든 제품이다. 기본원료는 가루분과 거의 동일하나 파우더를 고형으로 성형하기 위해 약 5% 정도의 유분을 바인더로 사용하여 개발한 타입이다.

4 아이-메이크업

아이 메이크업은 눈의 결점을 보완하고 눈매를 보다 풍부하고 다채로운 이미지 연출과 표정을 만들어 주는 효과가 있다.

아이-메이크업은 포인트 메이크업에 있어서 가장 많은 화장품을 사용하며 가장 정성을 들이는 부분이다. 그러나 눈 부위는 피부 중 가장 민감한 부분으로 눈에 사용되는 메이크업 제품의 원료들은 엄격하게 규제하고 있다. 마스카라나 아이라이너 등의 아이-메이크업은 아름다움을 가장 돋보이게 해주기도 하지만, 동시에 인체에 가장 직접적인 피해를 줄 수 있는 화장품이기 때문에 신중하게 선택하여야 한다.

아이-메이크업 제품은 특별히 안전성이 아주 중요하며, 특히 눈 점막에 가까이 사용하는 제품일수록 안전성이 더 중시된다. 아이-메이크업 제품은 아이라이너 > 마스카라 > 아이섀도 > 아이브로우 순으로 안전성이 우선시 된다.

또한 다양한 안료가 사용되는데 무기안료, 체질안료, 천연안료 및 사용이 허가된 법정 색소를 사용할 수 있다.

눈은 다른 얼굴의 피부 조직에 비해 얇고 눈물의 pH가 7.2~7.4를 띠고 있는 만큼 눈에 사용하는 제품들은 사용 시 눈에 들어갈 경우를 대비하여 자극이 적고 눈물의 pH에 맞추어 개발하는 것이 좋다.

1_아이-브로우 펜슬

아이브로우 펜슬은 눈썹의 형태와 색을 자신의 취향에 맞게 수정할 때 사용하는 제품이다.

눈썹의 형태에 따라 눈화장 및 입술화장 등의 전체적인 색조 메이크업의 효과를 높일 수 있고 얼굴의 단점이나 이미지를 수정하는 효과가 있다.

아이-메이크업 중 가장 단순해 보이지만 가장 중요한 메이크업 표현이 눈썹의 연출이라고 할 수 있을 만큼 눈썹의 모양이나 색을 결정하는 것은 메이크업의 출발점인 동시에 완성점이 될 수 있다.

동양인들의 경우 다크 브라운색이 가장 선호되며 블랙이나 다크 그레이색도 많이 사용되는 편이다.

① 팬슬타입

오일-왁스-색소로 구성된 내용물을 압축한 제품으로, 아이브로우 타입 중 사용하기 쉬워 가장 많이 사용된다.

② 케이크타입

색조와 바인더로 구성된 반제품에 압력을 가하여 만든 것으로 사용감이 부드럽고 자연스럽다. 눈썹이 두껍거나 숱이 많은 경우, 남성 메이크업에서 주로 사용한다.

③ 크림 타입

오일이나 왁스 및 색소로 구성된 반제품을 접시에 몰딩한 제품으로 유분감이 많다.

2_아이-라이너

아이-라이너는 눈의 윤곽을 뚜렷하게 해주고 매력적인 눈매를 연출해주기 위해 사용되는 제품이다. 일반적으로 흑색을 위주로 사용하지만 최근에는 아이섀도 색상에 맞추어 다양한 색조가 개발되어 사용되고 있다. 눈의 점막에 가까이 사용되는 제품인 만큼 안전성에 특히 유의하여야 한다. 아이라이너는 눈에 자극이 없고, 사용 후 빨리 말라야 하며, 피막에 유연성이 있어야 한다. 또한 지속성 및 내수성이 뛰어나야 한다.

① 액상타입

액상타입 중 가장 많이 사용되는 피막형성 타입은 휘발성이 있는 용제에 왁스 등의 소수성 물질이 배합되어 있어서, 바른 후에 용제가 휘발되고 내수성의 피막이 남게 되는데, 지속성이 우수한 장점은 있으나, 제거 시 전용 리무버를 사용하여야 하는 번거로움이 있다.

② 고형상타입

고형상타입은 펜슬타입과 고형 분말타입이 있는데, 사용이 간편하고 휴대가 간편하지만 번지기 쉬운 단점이 있다.

3_마스카라

마스카라는 속눈썹에 사용하여 속눈썹을 길고 풍성하게 하여 눈매를 아름답게 연출하기 위해 사용하는 제품이다.

마스카라는 눈에 자극이나 부작용이 없고 안전성이 우수하여야 하며, 뭉치지 않고 균일하게 도포되고 부착되어야 한다. 또한 적절한 광택과 함께 빠른 건조 및 컬링 효과가 있어야 한다. 사용 후 눈 주변에 붙거나 땀이나 물에 번지지 않는 것이 좋으며 지우기에 용이하여야 한다.

크림타입, 케이크타입, 액상타입 등 다양한 종류가 있으나 액상타입 마스카라를 위주로 가장 많이 사용되고 있다. 액상타입의 마스카라는 사용 목적에 따라 워터-프루프 마스카라, 롱-래쉬 마스카라, 투명 마스카라로 나눌 수 있다.

① 워터-프루프 마스카라

내수성에 중점을 둔 비수용성 형태의 제품으로 건조가 빠르고 번지지 않는 장점이 있다. 그러나 전용 클렌징을 사용하여야만 제거가 되는 번거로움이 있다.

② 롱-래시 마스카라

나일론과 같은 합성의 짧은 섬유를 3~4% 첨가하여 속눈썹에 부착되어 길어 보이고 숱이 많아 보이게 하는 효과가 있다. 그러나 잘 엉켜 붙거나 피부에 떨어져 지저분해 보이는 단점이 있다.

③ 투명 마스카라

투명 젤리타입으로 눈썹결을 정리하거나 속눈썹을 올릴 때 사용한다.

4_아이섀도

아이섀도는 눈과 눈썹 사이에 음영을 주어 입체감을 연출하고, 눈의 개성과 아름다움을 연출할 때 사용하는 제품이다.

눈 주변에 사용되는 제품인 만큼 안전하여야 하며 바르기 쉽고 밀착감이 좋고, 땀이나 피지 등에 쉽게 번지지 않고 지속성이 좋아야 한다. 사용 후 오래 있어도 색상의 변화가 없어야 하며 도포막에 기름 광택이 없어야 한다.

① 케이크타입

대중적으로 가장 많이 사용되는 타입으로 사용하기 간편하고 색상이 다양하며 다양한 색을 혼합하여 사용하기에 용이하다. 그러나 다른 타입에 비해 시간이 지나면 색이 바래거나 지워지기 쉽고, 가루 날림 등의 불편함이 있다.

② 크림타입

유분이 많아서 건성 피부에 사용하기 용이하며 사용 시 잘 퍼지는 반면, 뭉치거나 얼룩지기 쉬운 단점이 있다.

5 립 메이크업

립 메이크업은 입술에 색상과 윤기를 부여하는 제품으로 안색을 화사하고 생기를 불러일으키는 효과가 있다.

립 메이크업은 입술에 사용하다보니 다른 화장품에 비해 경구 흡수되는 경우가 많고 피부 조직 중 얇은 입술 점막에 사용되는 제품으로 안전성에 유의하여야 한다. 립 제품에 사용되는 색소는 인체에 무해하고 무자극이어야 하며, 불쾌한 맛이나 냄새가 없어야 한다. 또한 색상과 맛과 향이 일치하는 것이 상품성이 크다.

사용 시 보는 색과 입술에 바른 색이 동일하여야 하며 쉽게 발라지고 지속적으로 유지되는 것이 좋다. 발화 및 발분이 없고 산화·산패 등 시간에 따른 물성의 변화가 없어야 한다.

제거 시 입술에 자극이 없고 얼룩이 남지 않아야 하며, 매끈하게 묻고 바른 후 변색되지 않아야 한다.

1_립스틱

립 메이크업의 대표적인 제품으로 유분과 안료로 구성되어 있다. 유분은 왁스와 오일을 사용하는데 스틱 현상을 유지하기 위해 천연 왁스 재료인 카나우바 왁스, 칸델리나 왁스, 밀납 등이 베이스로 많이 사용된다.

반면 오일은 왁스의 마찰계수를 낮추어 윤활성을 좋게 하고 왁스와 색소의 혼합성과 분산성을 향상시키기 위해 사용된다. 립스틱은 입술에 단순히 색상만을 부여하는 것이 아니라 입술을 보호하고 수분 증발을 억제하는 효과가 있다.

2_립라이너

립스틱을 바르기 전에 입술의 윤곽선을 그려주어 립스틱의 번짐을 막고 입술선보다 선명하고 아름답게 보이도록 하는 효과가 있다.

3_립글로스

립글로스는 고분자 물질을 이용하여 광택을 주면서 입술을 보호하는 효과가 있다. 입술에 약간의 색감과 펄감 등의 광택을 부여하고 입술을 촉촉하고 윤기를 더하는 효과와 함께 입술이 트거나 갈라지는 것을 방지하는 효과가 있다.

4_립틴트

입술에 색상을 자연스럽게 표현하는 효과와 함께 자연스럽게 발색되면서 지속 효과가 있다.

5_립밤

입술에 막을 형성하여 보습력을 강화시키며, 트고 갈라지기 쉬운 입술에 영양을 주며 탄력을 증진시키는 효과가 있다.

6 블러셔

블러셔는 치크 컬러 또는 볼-터치라고 불리는 치크 메이크업을 이야기하며, 얼굴색을 건강하고 밝게 보이는 효과가 있을 뿐 아니라 음영을 주어 입체감을 부여하는 역할을 담당한다.

블러셔는 파운데이션 등과 결합 시 친화성이 좋고 뭉침 없이 바르기 쉬워야 하며, 적당한 커버력과 부착성, 광택이 있어야 한다. 사용 후 시간이 지나도 색 변화가 없어야 하며, 제거 시 쉽게 닦이고 사용 부위에 염착되거나 트러블을 일으키지 않아야 한다.

파우더타입, 케이크타입, 크림타입, 스틱타입 등 다양한 종류가 있으며, 이 중 케이크타입은 파우더를 압축한 형태로 사용이 간편하고 색감 표현이 쉬워 가장 많이 사용된다. 크림 타입은 그러데이션 등이 용이하여 윤곽 표현이 쉬운 장점이 있다.

7 네일화장품

네일화장품은 손톱과 발톱을 건강하고 아름답게 관리하기 위하여 사용되는 화장품으로 건강한 손톱·발톱 관리를 위한 네일 케어화장품과 손톱·발톱의 아름다움 표현을 위한 네일 메이크업화장품으로 분류할 수 있다.

1_베이스 코트

베이스 코트는 네일 에나멜을 사용하기 전 손톱 표면의 주름을 메워서 네일 에나멜의 밀착성을 좋게 하고, 착색을 방지하는 효과가 있다. 색소를 제외하고 네일 에나멜과 유사한 성분으로 구성되어 있다.

2_네일 에나멜

일명 메니큐어라고 불리는 네일 에나멜 또는 네일 폴리쉬는 손톱이나 발톱에 색상과 광택을 부여하여 보호 및 아름답게 보이는 목적으로 사용되는 제품이다. 네일 에나멜은 적당한 점성과 도포 후 신속히 건조하고 균일한 막을 형성하여야 한다. 안료는 균일하게 분산되고 색조나 광택을 유지하여야 하며, 피막이 견고하게 접착되어 쉽게 벗겨지지 않아야 한다. 에나멜 리무버를 사용하여 제거 시 쉽고 깨끗하게 제거되어야 한다.

네일 에나멜의 피막 형성제로는 고분자 화합물의 일종인 니트로셀룰로오스가 가장 많이 사용된다.

3_탑 코트

탑 코트는 네일 에나멜의 피막 위에 덧발라서 광택이나 내구성을 좋게 하는 목적으로 사용된다. 미리 도포한 네일 에나멜의 피막을 용해시키지 않도록 건조 속도가 빨라야 하고 점도는 상대적으로 낮게 하여 도포하기 쉬워야 한다.

견고한 피막 형성을 위하여 니트로셀룰로오스가 가장 많이 함유되는 제품이다.

4_네일 에나멜 리무버

네일 에나멜의 피막을 용해하여 제거하는 목적으로 사용되는 화장품으로, 니트로셀룰로오스 등을 포함하여 피막 형성제를 녹이는 용제로 구성되어 있다. 초산-에칠, 초산-부칠, 아세톤 등이 대표적인 성분이다. 또한 조갑의 탈수나 탈지를 막기 위해 수분과 유분을 보충하는 기능의 성분이 첨가되어 있어야 한다.

5_큐티클 리무버

손톱의 조상피를 정리하거나 제거하기 위해 사용되는 화장품으로, 각질을 연화시켜 주는 알칼리제 수용액에 보습 성분 및 점성을 주어 사용하기 편하도록 소량의 점증제가 포함되어 있다.

5

모발화장품

1 모발의 구조

모발은 포유류만이 가지고 있으며 손바닥과 발바닥, 입술과 점막의 경계부, 귀두부를 제외한 전신에 분포되어 있는 피부의 부속기관으로, 피부의 각질층이 변화되어 생긴 경케라틴의 일종이다.

모발의 수는 전신에 약 130~140만 개 정도이며 이 중에 두피 모발이 약 10만 개 정도이다. 모발의 수는 인종, 색, 모질에 따라 개인 편차가 있으며 남성보다 여성이 모발 수는 더 많다.

모발은 한달에 평균 1~1.5cm 정도 자라며 이 성장 속도는 영양, 연령, 질병, 환경, 유전 등에 영향을 받아 개인 편차가 있다.

모발의 구조는 표피 내부에 있는 모근부와 표피에서 외부로 나와 있는 모간부로 이루어져 있다.

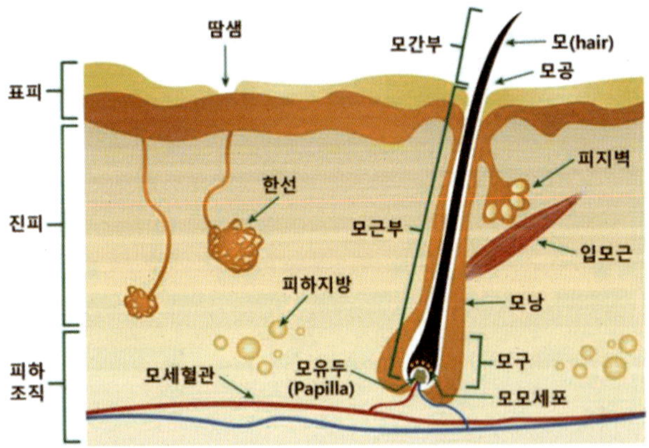

모발의 구조
출처 : Kevin S et.al, The Scientific World Journal, 2013

1 모근부

피부 속 2~4mm에 들어가 있는 모발로 모발을 싸고 있는 모낭과 모구, 모발에 영양을 공급하여 성장을 도와주는 모유두, 모유두를 덮고 있는 세포층인 모모세포, 모낭과 모표피층 사이에 존재하는 내·외모근초, 피지를 분비하는 피지선, 모발의 색과 연계한 멜라닌 형성세포, 자율신경의 영향을 받아 수축하는 입모근 등으로 구성되어 있다.

1_모낭

모근을 감싸고 있는 세포층으로 관 모양으로 모근부를 보호하는 자루모양을 하고 있어서 모포라고도 한다. 피지선과 입모근이 부착되어 있으며, 손·발바닥을 제외한 피부 전체에 걸쳐 분포되어 있다. 모낭은 모발의 생성과 밀접한 관련이 있어서 모낭에 이상이 생기면 모발 자체가 생성되지 않는다. 일반적으로 모낭 하나에 모발 1개가 달려 있으나 많게는 모낭 하나에 3개의 모발이 달려있는 경우도 있어서 이는 모발의 숱에 영향을 미친다.

2_모구

모유두와 맞물려지기 위해 속이 빈 오목한 모양의 모근 아랫부분에 둥글게 부풀려 있는 부분으로, 이곳에서 모발이 자라며 모모세포와 멜라닌 형성세포로 구성되어 있다. 성장을 마친 모발의 모구 상태에 따라 탈모의 원인을 추정하기도 한다.

3_모유두

모근부 가장 아래쪽에 유두와 같은 모양으로 모구와 맞물려지는 부분으로 자율신경이 분포되어 있고, 모세혈관이 연계되어 있어서 산소와 영양공급이 이루어져 모발의 성장에 관여한다. 모유두가 손상을 입을 경우 모발은 더 이상 생성되지 않는다.

4_모모세포

모유두를 덮고 있는 세포층으로 끊임없는 세포분열로 모발 생장에 중요한 역할을 담당한다. 모모세포는 모유두로부터 영양을 공급받아 분열하는데, 여기서 분열된 세포가 각화하면서 위로 모발을 만들어 피부 밖으로 밀려 나오게 한다.

5_내 · 외모근초

모근을 감싸고 있는 모낭과 모표피 사이에 존재하는 세포층으로 모구부에서 발생한 모발을 각화가 끝날 때까지 보호하고 표피까지 운반하는 역할을 담당한다. 이때 새롭게 만들어진 모발이 완전히 각화되어 밖으로 나오게 되면 비듬이 되어 소멸하게 된다.

6_피지선

모유두 위 옆으로 모낭의 1/3 부위에 위치하며 모낭벽에 포도송이처럼 달려 있는데, 사춘기 이후 남성호르몬의 일종인 Testosteron의 영향을 받아 매일 1g 정도의 피지를 분비한다.

피지선을 통해 분비된 피지는 모발을 보호하고 윤기와 유연성을 주며, 피부 표면을 부드럽고 매끄럽게 하는 효과가 있지만, 과잉 분비 시 여드름이나 지루성 두피 등의 문제성 두피를 발생시킬 수 있다.

7_멜라닌 형성세포

모발의 색을 결정하는 멜라닌 색소를 만드는 세포이다. 멜라닌 형성세포가 멜라닌 색소 생성을 멈추면 모낭에 있는 모발은 흰색을 띠게 되어 흰머리가 생성된다.

8_입모근

모낭에 붙어 있으며 자율신경의 지배를 받는 의지와 상관없이 운동하는 불수의근육이다. 자신의 의지에 따라 움직일 수는 없으나 갑작스러운 기후변화나 공포 등의 감정의 변화를 느낄 때 모공을 닫고 체온을 유지하는 역할을 담당하며 수축 시 털을 곧 세우는 역할을 한다.

2 모간부

표피 외부로 나와 있는 모발로 3층 구조로 이루어져 있는데, 가장 바깥쪽 층부터 모표피, 모피질, 모수질의 구조로 이루어져 있다.

1_모표피

모발의 가장 바깥쪽에 있는 딱딱한 경케라틴층으로 투명하며 기와무늬 모양으로 여러 겹이 겹쳐있는 층이다. 모표피는 모발 내부를 외부 자극으로부터 보호하는 역할을 담당한다. 모표피는 친유성의 성격을 띠는데, 이로 인해 물이나 약제에는 상대적으로 강하나 기계적인 자극에는 약해 쉽게 손상받을 수 있다. 모발 전체의 10~15% 정도를 차지하며 5~15개 층으로 이루어져 있는데, 모표피 바깥에서부터 에피 큐티클(Epi cuticle), 엑소 큐티클(Exo cuticle), 엔도 큐티클(Endo cuticle)의 세 층으로 나누어진다.

① 에피 큐티클(Epi cuticle)

모표피 중 최외각에 존재하는 층으로 시스틴 함유량이 높고 약제에 대한 저항이 가장 큰 층이다.

② 엑소 큐티클(Exo cuticle)

부드러운 케라틴질의 층으로 시스틴 함량이 높은 편이나 펌제와 같은 시스틴 결합을 끊는 약제에는 약하다.

③ 엔도 큐티클(Endo cuticle)

모표피 가장 안쪽 층으로 시스틴 함량이 적고 단백질 침식성 약제에 약하다.

2_모피질

모발의 색을 결정짓는 멜라닌 색소가 함유되어 있고, 모발의 성질을 결정하는 탄력, 강도, 색, 질감 등을 결정하는 중요한 층이다. 모피질은 친수성의 성격을 띠며 모발의 85~90%를 차지한다. 퍼머넌트웨이브나 헤어 컬러링의 영향을 가장 많이 받는 층이다.

3_모수질

모발의 중심부에 위치하는 층으로 모발의 중앙에서 심지와 같은 역할을 담당한다. 그러나 모발에 따라 존재하는 경우도 있고 존재하지 않는 경우도 있다. 성인 모발처럼 주로 굵고 거친 모발에 존재하며, 솜털이나 가는 모발에는 없으며, 하나의 모발에서도 전체 길이에 연속적으로 모수질이 존재하지 않는 경우도 있다.

크고 작은 속이 비어 있는 상태로 공기와 수분을 함유하고 있어 보온의 역할을 담당한다.

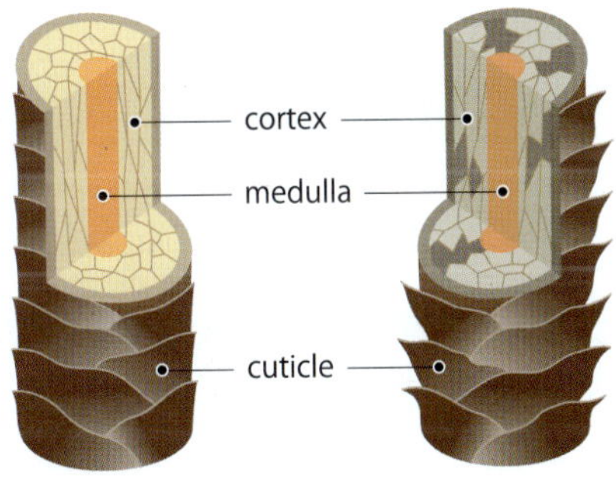

2 모발의 성장과 기능

1 모발의 성장

모발의 성장을 위해서는 모유두의 역할이 중요한데, 모유두는 일생 동안 활동하고 모발을 만들지는 않고 어느 정도 활동을 하면 일시적으로 활동을 멈추게 된다.

모발의 주기는 모발을 성장시키는 성장기, 성장이 멈추고 모구부가 축소하는 시기인 퇴행기, 모유두가 활동을 멈추고 모발을 두피에 머무르게 하는 휴지기, 모유두가 새롭게 활동을 시작하여 새로운 모발을 발생시키는 발생기로 나눌 수 있다.

1_성장기

모발 전체가 성장하는 기간으로 모모세포로부터 만들어진 모발이 모유두로부터 영양분과 산소를 공급받아 성장하는 시기로, 성장기의 수명은 3~6년이며, 영양이나 질병, 호르몬, 환경, 유전적 영향에 따라 변할 수 있다. 전체 모발의 약 88%를 차지한다.

2_퇴행기

성장기가 끝난 후 모발의 형태를 유지하면서 모유두가 모구부에서 분리되어 대사 과정이 느려지는 시기이다. 이 단계에서는 더 이상 케라틴을 만들어 내지 않는다. 퇴행기의 수명은 3~4주이며, 전체 모발의 약 1%를 차지한다.

3_휴지기

퇴행기 이후에 활동이 없는 시기로 모유두가 위축되어 활동이 멈추는 시기이다.

모낭에서 모유두가 완전히 분리되어 모낭이 수축하고 모근이 위로 밀려 올라가 작은 자극에도 쉽게 모발이 빠져나가는 시기이다. 휴지기의 수명은 3~5개월이며, 전체 모발의 약 11%를 차지한다.

4_발생기

모모세포가 새롭게 세포분열을 시작하여 새로운 모발을 발생시키는 시기이다.

휴지기에서 입모 근처까지 올라갔던 모낭이 진피 내에 있는 모유두까지 내려오고 모구부와 모유두가 결합하여 새로운 모발을 형성한다.

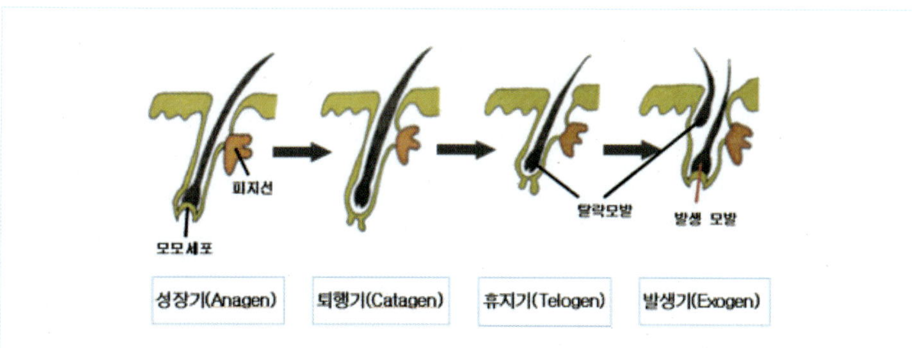

2 모발의 기능

모발은 다음과 같은 기능이 있다.

1_보호 기능

외부의 충격이나 더위와 추위, 자외선 등으로부터 인체를 보호하며, 생성 부위에 따라 벌레나 이물질, 땀의 유입 등을 막아주는 역할을 한다.

특히 두피에 있는 모발의 경우 외부 충격으로부터 뇌를 보호하며, 겨드랑이나 서혜부에 있는 털은 피부 마찰로부터 피부 손상을 막아주는 효과가 있다.

2_배출 기능

몸안에 쌓여 있는 수은, 비소, 납 등의 중금속이나 독소를 배출하는 기능이 있는데, 모발에 존재하는 미네랄의 함량 및 중금속 수치 파악 등 인체의 건강 상태를 측정하는 자료로 활용할 수 있다.

3_장식 기능

헤어스타일과 헤어컬러 등의 변화를 통하여 자신의 아름다움과 개성을 표출하는 장식의 기능을 담당한다.

4_감각 전달 기능

모근부 주위에 존재하는 지각 신경에 의하여 외부로부터의 자극에 우리 인체가 반응하도록 하는 감각 전달 기능을 가지고 있다.

3 모발화장품 종류

모발화장품이란 인체의 모발 및 두피를 청결하게 하고 보호할 뿐 아니라 머리의 형태를 변화시키거나 색상을 부여하는 등 모발 스타일링을 위한 제품을 말한다.

두피에는 모발을 보호하기 위하여 피지선이 발달되어 있어 두피 세정 후 일정 시간이 지나면 피지, 땀, 각질, 먼지 등이 뒤엉켜 쉽게 번들거리고 냄새를 유발할 수 있으며, 비듬이나 탈모, 지루성 두피 등의 문제성 두피로 발전할 수 있다.

모발화장품은 사용하는 대상에 따라 모발용과 두피용으로 분류할 수 있고, 이는 다시 모발 및 두피 세정제, 모발 정돈 및 트리트먼트제, 펌 웨이브 형성제로 나누어지며, 기능성화장품으로 탈색·염색제 및 탈모 예방을 위한 육모·양모제로 나눌 수 있다.

1 세정용 모발화장품

세정용 화장품은 피지, 땀, 먼지, 노폐물 등을 제거하여 모발·두피를 청결하게 유지하는 동시에 미생물 번식 등을 막아 건강한 모발 및 두피관리를 위하여 사용되는 화장품이다.

1_샴푸

샴푸는 모발과 두피의 이물질을 제거하고 비듬이나 가려움을 덜어주며, 모발 및 두피의 청결과 건강을 위하여 사용되는 화장품이다. 세정력이 우수하여야 하나 과도한 피지 제거로 인해 모발 및 두피가 손상되지 않아야 하며, 거품이 풍부하고 물에 쉽게 용해되는 제품이어야 한다. 또한 샴푸 사용 중 마찰에 의한 모발 손상이 없어야 하며 샴푸 세정 후 자연스러운 광택과 적당한 유연성을 줄 수 있어야 한다. 또한 샴푸 시나 샴푸 후에도 좋은 향기가 유지되는 효과를 가지고 있어야 한다.

사용 시 눈에 들어갈 수 있으므로 눈에 대한 안전성이 높은 성분으로 구성되어야 하며 모발 및 두피에도 안전한 성분으로 구성되어야 한다.

샴푸에는 계면활성제와 컨디셔닝제, 점도조절제 및 기타 유효성분들이 배합되어 있는데, 특히 세정력을 띠는 계면활성제의 역할이 중요한 화장품으로 주로 음이온 계면활성제를 사용하나, 최근에는 이보다 피부 자극이 적은 양쪽성이온 계면활성제와 비이온 계면활성제가 함유된 저자극성 제품들이 많이 출시되고 있다.

샴푸는 두피타입에 따라 정상용, 건성용, 지성용 샴푸로 구분하며 모발에 따라 정상모, 손상모 등으로 분류될 수 있으나, 최근에 개발되고 있는 샴푸의 경우 세정력이 향상된 오일 샴푸나 크림 샴푸, 컨디셔닝 샴푸, 비듬이나 가려움을 예방하는 비듬 예방 샴푸, 민감한 두피를 위한 민감용 샴푸, 린스의 기능을 첨가한 린스 겸용 샴푸, 탈모예방 효과를 겸비한 탈모예방 샴푸, 염색 효과를 갖는 염색용 샴푸 등 다양한 기능을 겸비한 샴푸들이 개발되어 판매되고 있다.

2_린스

린스는 샴푸 후 모발의 표면에 매끄러움을 더하고 표면 상태를 정돈하며, 정전기를 방지하여 브러싱으로 인한 모표피 손상을 막는 목적으로 사용되는 화장품이다.

특히 샴푸 후에 남아 있을 수 있는 금속성 피막과 샴푸의 불용성 알칼리 성분을 제거하여 모발이 엉키는 등의 모발 손상을 방지하는 효과가 있다.

샴푸 후에 충분히 헹구지 못하여 남은 음이온 계면활성제는 모발이나 두피에 남아 민감성이나 탈모를 유발하게 되는데, 린스에 함유된 양이온 계면활성제가 음이온 계면활성제를 중화시키고 정전기 발생 등을 막는 효과가 있다. 린스에 함유된 양이온 계면활성제는 모발에 잘 흡착하여 모발 표면을 매끄럽게 하고, 모발을 보호하며 모발의 푸석거림을 예방하는 효과가 있으나, 피부 자극이 커서 알레르기를 유발할 수 있으므로 사용 시 주의하여야 한다.

2 모발 마무리용 화장품

모발 마무리 손질용 화장품은 주로 세발 후에 모발 손질을 목적으로 사용되는 화장품으로, 모발을 고정하여 세팅을 목적으로 사용되는 정발용 화장품과 모발의 광택, 질감 등을 개선하기 위해 사용하는 트리트먼트용 화장품으로 나눌 수 있다.

1_헤어 정발용 화장품

정발용 화장품은 모발을 물리적으로 원하는 형태를 만들어 주는 스타일링과 형태를 고정시켜 주는 세팅 기능을 목적으로 사용되며, 수성원료, 유성원료, 광택제 및 향 등이 첨가되어 있어서 모발을 보호하고 헤어스타일을 정돈시키는 작용이 있다.

① 헤어 스프레이

헤어 스프레이는 모발 위에 내용물을 분무·분사하여 얇은 막을 형성시켜 모발의 형태를 강력하게 고정·유지하면서 모발에 윤기를 주기 위한 목적으로 사용되는 제품이다.

강력한 스타일링 효과와 고정력을 갖추고 있어 가장 강력한 스타일링 제품으로 인식되고 있으며, 에어로졸타입의 헤어 스프레이와 펌프식으로 되어 있는 헤어 미스트가 있다.

주요 성분으로 피막 형성제와 가소성을 부여하는 고급 알코올, 실리콘 오일 등이 함유되어 있으며, 여기에 폴리비닐 피로리돈 등의 피막 형성제를 포함하고 있다.

② 헤어 무스

헤어 무스는 자기가 원하는 모발의 형태를 만들거나 자연스러운 모발을 유지시켜 주기 위하여 사용되는 화장품으로 에어로졸타입으로 개발되는 제품이다.

미세한 거품상으로 분사되어 적은 양으로도 충분한 스타일링 효과가 있으며, 에어로졸타입의 금속 용기에 정발 기능이 있는 성분과 분사제가 혼합되어 있는 형태로 개발된다.

③ 헤어 젤

헤어 젤은 수용성 고분자를 정제수 및 에탄올에 용해시킨 젤 타입의 정발제로서 모발에 촉촉함과 윤기를 부여하는데, 다른 정발제에 비해 자연스러운 효과를 주는 제품이다.

하드타입의 헤어 젤은 드라이한 마무리감을 주며, 웨트(wet)타입의 헤어 젤은 보습제가 다량 함유되어 있어서 촉촉한 마무리감을 준다.

④ 헤어 왁스

헤어 왁스는 모발 스타일링제로 모발에 윤기를 주며 흐트러진 모발을 정리하며 재정발이 가능하도록 개발된 고형 정발제이다.

헤어 왁스는 기존 스타일링제의 장점을 고루 적용한 제품으로 유지 제품의 부드러움과 스프레이, 무스 등의 강력한 정발 효과를 두루 갖춘 제품이다. 헤어 왁스는 최근 들어 새로운 제형과 다양한 타입이 개발되어 가장 대중화된 정발제 중 하나이다.

헤어 왁스는 왁스류, 고급 지방산과 고급 알코올, 탄화수소와 유동 파라핀 등의 고형타입의 유성원료와 보습제, 계면활성제 및 첨가제 등을 함유하고 있다.

⑤ 세팅 로션

고분자 물질을 에탄올과 정제수 혼합액에 용해한 것으로 액상 또는 젤로 개발되는 스타일링 제품이다. 모발에 영양을 공급하지는 않지만 일정한 컬이나 웨이브를 유지할 때 사용되는 제품이다. 모발의 피막을 형성하는 성분으로 최근 개발된 합성 고분자 물질을 많이 사용하지만, 수지만을 배합하는 경우에는 피막이 분리되어 가루 형태로 날리는 경우가 발생하는데, 보습제나 가소제를 반드시 혼합하여 개발하여야 이런 현상을 줄일 수 있다.

⑥ 헤어 오일

모발에 광택과 유연성을 주고 보호하는 역할을 담당하는 제품이다. 점도가 낮아 헤어 제품에 주로 사용되는 유성원료인 동백 오일이나 올리브 오일이 오래도록 사용되었으나, 이런 식물성 오일의 경우 불포화도가 높아 쉽게 산패되어 산패된 찌든 냄새를 유발할 수 있고, 또 일부 식물성 오일의 경우 끈적임이 있고 무거운 단점이 있어서 최근 개발되는 오일들은 주로 실리콘 오일을 함유한 제품으로 많이 개발되고 있다.

2_헤어 트리트먼트용 화장품

헤어 트리트먼트용 화장품은 모발의 손상을 예방하고 모발의 건조함을 방지하기 위해 유·수분을 조절하고, 모발에 광택과 활력, 유연성을 공급하고 모발이 손상되는 것을 막거나 손상된 모발을 인공적으로 보강하여 더 이상 손상되지 않도록 하기 위해 사용하는 화장품을 말한다.

① 헤어 크림

헤어 크림은 모발에 광택, 유연성, 촉촉함을 주는 동시에 잦은 펌, 염색, 헤어 드라이 사용 등으로 손상된 모발의 큐티클층에 영양을 공급하여 손상된 모발에 회복을 위하여 사용되는 제품이다. 헤어 크림은 유화 형태에 따라 O/W형, W/O형이 있는데, O/W형은 친수성 타입으로 사용 시 끈적임이 적고 산뜻한 장점이 있으며, W/O형은 친유성으로 사용 시 유분감이 있어서 모발의 윤기나 정발 효과가 우수한 장점이 있다.

② 헤어 코트

헤어 코트는 헤어 에센스라고도 하며 모발의 끝부분이 갈라지고 손상된 것을 회복시켜 주기 위하여 사용되는 제품이다. 요즘 많이 개발되는 제품은 실리콘 오일을 함유하고 있어서 끈적임이 적고 매끄러운 코팅 효과가 있다.

③ 헤어 팩

헤어 팩은 손상된 모발을 회복하고 모발에 부족한 수분을 공급하며 모발을 손질하기 쉽도록 관리하기 위하여 사용되는 제품이다. 주로 크림타입으로 개발되어 사용이 간편하고 모발에 도포 후 일정 시간이 지나면 가볍게 물로 헹구어 내는 방법으로 제거한다.

함유된 성분은 헤어 린스와 유사하나 좀 더 모발에 필요한 활성 성분 및 컨디셔닝제를 포함하고 있다.

3 퍼머넌트 웨이브(펌제)

퍼머넌트 웨이브제는 모발에 웨이브를 주어 아름다움을 표현하는 제품이다. 모발에서 웨이브를 형성시키는 원리는 모발의 결합 중 시스틴 결합을 절단시켜 모발을 원하는 모양으로 만든 다음, 다시 시스틴 결합을 복원함으로써 웨이브를 형성하게 된다. 모발은 산에는 강한 저항력을 지니는 반면, 알칼리에는 약한 성질이 있는데 모발의 결합 중 가장 단단한 시스틴 결합을 제 1제인 환원제로 절단하고, 제 2제인 산화제로 다시 새로운 시스틴 결합을 생성하는 것이 퍼머넌트 웨이브의 작용기전이다.

1_제1제(환원제)

환원제로 불리우는 제 1제는 웨이브 형성의 제 1과정으로 티오글리콜산류나 시스테인류를 주 성분으로 하는 환원제와 암모니아수, 아민류, 중성 소다, 무기 알칼리 등의 알칼리제로 구성되어 있다.

① 티오글리콜산

티오글리콜산류는 시스테인류에 비해 환원전위가 높아 강한 환원력을 지닌 반면에 산화를 받기 쉽고, 구리나 철 등의 금속이온을 촉매로 하여 정색 반응을 일으켜 외관을 손상시키기 때문에 물이나 약제에 제조 시 금속이온이 혼입하지 않도록 특히 주의하여야 한다. 종류로는 티오글리콜산, 티오글리콜산 암모늄액, 티오글리콜산 모노 에탄올아민 등이 있으며, 이 중에 티오글리콜산 암모늄액이 가장 많이 사용되고 있다.

② 시스테인류

시스테인은 L-시스테인, 염산 L-시스테인, DL-시스테인, 염산 DL-시스테인이 주로 사용된다. 티오글리콜산류에 비해 산화력이 높다. 물에 불용성인 시스틴을 형성하기 위하여 시스테인을 주성분으로 한 제 1제의 경우 1% 미만의 티오글리콜산의 배합이 이루어진다. 또한 티오글리콜산류에 비해 환원력이 낮고 모발의 팽윤도가 낮기 때문에 웨이브 형성력이 약한 단점이 있다. 그러나 모발의 손상도가 낮아 이미 손상된 모발 퍼머넌트에 사용하면 좋다.

2_제2제(산화제)

산화제로 불리우는 제 2제는 제 1제에 의해 만들어진 티올(-SH)기를 산화시켜 원래의 시스틴 결합으로 돌아가게 하는 성질이 있다. 대표적인 산화제로 브롬산나트륨, 브롬산칼륨, 과산화수소 등이 있다.

① 브롬산나트륨

브롬산칼륨에 비해 브롬산나트륨이 용해성이나 안정성이 높고 산화력이 온화하며, 탈색을 시키지 않아 더 많이 사용되고 있으나 웨이브 형성이 낮은 단점이 있다.

② 과산화수소

강산화제인 과산화수소는 상한치인 2.5%의 농도를 주로 사용하며 모발의 탈색 작용 및 푸석거리는 단점이 있으나, 제 2제 처리시간을 줄이는 장점이 있다. 그러나 산화와 동시에 모발 탈색 등의 문제로 모발색이 밝은 백인들에게 더 많이 사용되고 있다.

3_첨가제

퍼머넌트 웨이브제는 환원제와 산화제 이외에도 제품을 안정화시키는 성분과 모발 생리적 기능을 부여하는 성분들이 추가적으로 배합된다.

① 안정화제

티오글리콜산이나 시스테인은 금속 및 알칼리에 의해 쉽게 산화가 촉진되는데, 이때 용액 내에 금속이온과 결합하여 가용성의 착염을 만들어 그 작용을 불활성화하기 때문에 킬레이트제가 안정화제로 사용된다.

또 시스테인을 함유한 제 1제의 경우 산화에 의해서 불용성인 시스틴을 형성하여 이것이 발분, 푸석푸석한 머릿결과 손가락 피부의 자극의 원인이 될 수 있기 때문에 산화방지제로 1% 미만의 티오글리콜산이 배합된다.

② 보습제

모발에 적당한 습기를 주어 방치 시간 중에 제품의 건조를 방지하여 모발 속으로 제품의 흡수를 촉진하기 위하여 배합된다.

③ 침투제

퍼머넌트 시술 시 모발을 롯트 등에 말아 웨이브를 형성하기 때문에 말아 올린 모발의 내부까지 약제의 침투가 되지 않는다면 균일한 웨이브를 만들기 어렵다. 이때 침투제로서 계면활성제가 사용되는데, 특히 양이온 계면활성제를 배합할 경우 퍼머넌트 시술 후에도 모발의 감촉을 향상시킬 수 있다.

4 모발 기능성화장품

1 모발 염모제

염모제는 모발의 염색 및 탈색을 목적으로 사용되는 제품을 이야기하는데, 의약외품으로 분류되어 있다가 2017년 모발의 색상을 변화(탈염, 탈색 포함)시키는 기능성화장품으로 분류되어 현재 다양한 제품이 개발되어 출시되고 있다.

초기 염색제의 개념은 흰머리를 드러나지 않게 하기 위하여 일주로 새치가 있거나 흰머리가 많은 장·노년층을 중심으로 사용되었으나, 현재에는 개성을 표현하는 하나의 미적 표현 방식으로 전 연령대를 아우르며, 머리색을 다양하게 변화시킴으로써 개인의 미적 추구나 개성을 표현하는 패션의 수단으로 사용되고 있다.

염색 및 염모제는 모발과 결합하여 화학반응을 일으키는 강한 작용으로 인해 특히 안전성에 주의하여야 하는데, 피부와 접촉 시 알레르기 유발이나 두피 및 모발을 손상시키지 않아야 한다. 또한 염색 후 자외선, 산소, 땀 등에 의해 변색되거나 탈색되지 않아야 하며, 펌제나 샴푸, 린스 등의 모발화장품으로 인해 변화되지 않아야 한다.

사람마다 모발의 굵기 등의 차이가 있다 하더라도 사용 이후에도 색상 차이가 크지 않아야 하며, 염색이 잘 되고 자연스러우며 아름다운 본연의 색을 발현하면서 사용의 편리성을 가지고 있어야 한다.

염모제는 염모 효과의 지속성에 따라 일시 염모제, 반영구 염모제, 영구 염모제, 탈색제로 분류된다.

1_일시 염모제

일시 염모제란 모발 표면에 착색제가 부착되어 물리적으로 염색시키는 제품으로 일반화장품으로 분류된다. 스틱타입, 젤타입, 스프레이타입, 마스카라타입 등 다양한 제형의 제품이 출시되고 있다.

일시 염모제는 모발 전체를 염색하기보다는 부분적으로 새치를 커버하거나 하이라이트를 주는 용도로 많이 사용되며, 물이나 오일에 녹지 않는 유색 안료를 수지에 혼합하여 모발 표면에 일시적으로 부착하여 모발의 색을 변화시키는 제품이다.

색의 지속력이 없어 주로 1회용으로 사용되기 때문에 1~2회의 샴푸만으로도 모발과 두피에 손상 없이 안전하게 제거되는 장점을 가지고 있다.

모발에 부착된 염색제가 의복에 묻거나 땀 등에 의해 피부로 흘러내리는 것을 방지하기 위하여 수지 등의 고분자를 배합하기도 한다.

2_반영구 염모제

반영구 염모제는 모발이 손상되지 않고 염료가 모표피와 모수질에 침투·흡착하여 머리를 감을 때 조금씩 퇴색하는 제품이다.

사용 후 손이나 두피에 염착되기 쉬워 염착성과 염모 효과 간의 균형적인 설계가 필요하며, 피부 트러블을 유발할 가능성이 있으므로 염모 시에는 피부에 대한 안전성도 고려하여 사용하여야 한다.

3_영구 염모제

영구 염모제는 기능성화장품으로 모피질까지 침투하여 모발 내에서 산화하게 하여 일시적 염모제나 반영구 염모제보다 영속적이다. 산화 염모제, 식물성 염모제, 금속상 염모제 등이 있으며,

이 중 산화 염모제는 염료 조색제와 염료 수정제가 중합하여 염료가 발색이 되면서 모발이 염색되는 원리이다.

4_탈색제

모발 탈색제는 모발 내의 멜라닌 색소를 산화 분해함으로써 모발을 탈색시키는 기능성화장품으로, 제 1제는 알칼리제, 제 2제는 과산화수소가 배합되어 있어 사용할 때 서로 혼합하여 사용한다. 모발의 기본 색상과 멜라닌의 양에 따라 모발의 탈색 정도가 변화되는데, 강력한 탈색 효과를 위하여 부스터를 첨가한다.

탈색 시에는 탈색을 원하는 정도와 모발의 상태에 따라 적절한 제형을 선택하여 사용하며, 탈색제는 알칼리도가 높아 모발 손상이나 사용 시 주의하여야 한다.

2 탈모 방지제

탈모 방지제란 탈모 증상 완화에 도움을 주는 기능성화장품으로 두피의 혈액순환을 촉진하고, 두피의 기능을 정상화하며, 모근을 강화하여 탈모를 방지하는 효과가 있다.

탈모 방지 및 양모 효과가 있는 기능성 원료로 덱스 판테놀, 바이오틴, 멘톨, 징크 피리치온액, 니코틴산 아미드 등이 있다.

6

방향화장품

1 향의 기원

향은 동·식물 모두에게 존재하는데 동물에게 향은 종족 보존을 위한 본능적인 것으로 포유 동물의 경우 생식기 주변에 나는 특유의 향이 이성을 유혹하는데 사용되었는데, 이성을 유혹할 때 분비되는 향을 페르몬이라고 한다. 또한 식물의 꽃향기는 꿀벌이 꿀을 모으고 번식을 위한 방법으로 이용되기도 하는데, 향이란 종족 번식의 가장 본능적인 분비물이라고 할 수 있다.

향의 기원은 오랜 역사를 가지고 있는데, 5000여 년 전 종교의식과 결부되어 사용되었다는 기록이 남아 있으며, 종교의식 이외에도 질병 예방 및 미용 등의 목적으로 사용되었다고 전해지고 있다.

고대 그리스에서는 질병을 없애기 위하여 아테네 광장에 향이 나는 식물을 태우기도 하였다는 기록이 있고, 고대 이집트에서는 제물로 바치는 동물의 냄새를 없애거나 죽은 사람의 냄새를 없애기 위하여 향을 사용하였다는 기록이 남아 있다. 고대 이집트의 왕조들은 자신의 영혼을 지키고 미라의 부패 방지와 보존을 위하여 향을 사용하였다고 한다.

우리나라의 경우 단군신화에 의하면 하늘에 제사를 지내거나 기원할 때 향나무 가지나 잎을 잘라 몸에 발랐다고 기록되어 있으며, 삼국시대부터는 불교의 유입과 함께 수입된 향을 이용하여 절에서 향을 피웠는데, 이때부터 본격적으로 향을 이용하기 시작하였다고 기록되어 있다.

또한 신라시대 이후부터는 신분이 높은 여성이나 기생들의 경우 향낭을 몸에 지녀 향이 몸에 배어 좋은 냄새가 나도록 하였다고 전해진다.

900년경 아랍인들은 증류를 통하여 향을 추출하는 방법을 발명하여 장미유를 추출하였고, 14세기에는 향료를 에탄올에 녹인 '헝가리 워터'가 개발되었는데 이것이 최초의 향수이다.

향수(perfume)는 라틴어 per과 fume의 합성어로 '연기를 통하여', '연기를 내다'라는 의미를 가지고 있다. 향수는 가장 먼저 휘발되어 뚜렷한 향기를 내는 성분과 꽃에서 추출하는 휘발성이 낮은 성분, 수지 등에서 추출되는 휘발성이 거의 없는 성분 등 서로 다른 휘발성과 분자량을 가진 성분들이 혼합되어 있다.

향수는 향료를 15-25% 에틸알코올에 녹여 몇 주 이상 숙성시켜 만드는데, 이때 알코올에 향의 원료들이 잘 스며들어 특유의 향을 발산하게 된다.

향수의 향을 조합하는 조향사의 예술적 감각과 주재료의 농도에 따라 매력적이고 신비로운 향을 발산하는 향수를 개발할 수 있다.

좋은 향수란 아름답고 세련된 향을 발산하여야 하며, 향에 조화가 잘 이루어지고 확산성이 좋아야 한다. 또한 지속성이 좋아야 하며 향이 제품의 구상과 일치하여야 좋은 향수라고 할 수 있다.

향수의 구비 요건

- 향의 특징(세련된)이 있어야 한다.
- 향의 확산성이 좋아야 한다.
- 향의 지속성이 좋아야 한다.
- 향의 조화가 잘 이루어져야 한다.

2 방향화장품의 종류

1 부향률에 따른 분류

향수는 향을 포함하는 비율에 따라 퍼퓸, 오데퍼퓸, 오데토일렛, 오데코롱, 샤워코롱으로 나눌 수 있다.

1_퍼퓸(Parfume)

향수 중 가장 진하고 완성도가 높은 향으로, 향료 함유율 15~30%, 알코올 함유량 70~85% 정도 함유되어 있으며, 짧게는 5시간에서 길게는 10시간 정도 향이 지속된다.

2_오데퍼퓸(Eau de Parfume)

퍼퓸과 오데토일렛의 중간 타입의 향수로 가볍게 즐길 수 있는 실용적인 제품이다. 향료 함유율 9~12%, 알코올 함유량 72~91% 정도 함유되어 있으며, 5~7시간 정도 향이 지속된다.

3_오데토일렛(Eau de Toillette)

향이 가볍고 옅으며 전신에 사용이 가능한 제품으로 우리나라에서 가장 많이 사용되고 있는 향수타입이다. 향료 함유율 5~10%, 알코올 함유량 80% 정도 함유되어 있으며, 3~4시간 정도 향이 지속된다.

4_오데코롱(Eau de Cologne)

향수의 기본으로 부담 없이 사용할 수 있는 가벼운 향의 향수이다. 향료 함유율 3~5%, 알코올 함유량 93~95% 정도 함유되어 있으며, 1~3시간 정도 향이 지속된다.

5_샤워코롱(Shower Cologne)

샤워 후에 전신에 가볍게 사용할 수 있는 제품으로 방향과 토너의 이중 효과를 나타낸다. 향료 함유율 1~3%, 알코올 함유량 95% 정도 함유되어 있으며, 1시간 이내 향이 지속된다.

향수의 유형별 분류

유형	부향률	지속시간	특징/용도
퍼퓸	15 ~ 30%	약 10시간	아주 풍부한 향으로 고가이며 분위기 연출에 사용
오데퍼퓸	9 ~ 12%	5 ~ 7시간	지속성과 향의 깊이가 있으며, 퍼퓸에 비해 부향률이 낮아 경제적
오데토일렛	5 ~ 10%	3 ~ 4시간	가벼운 느낌과 지속성을 동시에 갖고 있으며 상쾌하면서 풍부한 향
오데코롱	3 ~ 5%	1 ~ 3시간	향수를 처음 사용하는 사람에게 적합 주로 과일향으로 프레쉬한 느낌의 효과
샤워코롱	1 ~ 3%	약 1시간	매우 가볍고 신선한 바디용 방향 화장품

2 발향에 따른 분류

향수는 사용 후 시간이 지나면서 향의 느낌이 조금씩 달라지는데 이는 향수 속의 조합향료가 발향하는 정도가 다르기 때문이다. 발향 순서에 따라 탑 노트, 미들 노트, 베이스 노트로 나뉘며, 향수 개발 시 향의 골격을 이루는 베이스 노트를 기준으로 미들 노트를 선정하고, 향수의 첫 느낌인 탑 노트를 조합하여 완성하게 된다.

1_탑 노트(Top note)

향수 사용 시 향의 첫 느낌을 나타내는 향으로 휘발성이 높은 향을 말한다. 사용 후 30분 정도 지속되며 확산성이 강하다. 시트러스 계열인 레몬, 오렌지, 버가못, 라임, 그레이프후릇과 알데하이드, 프루티 계열, 그린 계열이 대표적이다.

2_미들 노트(Middle note)

향의 중간 느낌으로 조합향료의 성격 및 특징을 가장 잘 나타내는 향수의 기본 향이다. 사용 후 4~8시간 정도 지속되는 향수의 가장 중요한 향이다. 재스민, 장미, 네롤리, 일랑일랑 등의 플로랄 계열과 시프레 계열, 알데하이드가 대표적이다.

3_베이스 노트(Base note)

향수 사용 후 가장 마지막까지 지속되는 향을 이야기하며, 체취와 섞여 나오는 맨 마지막 잔향이다. 휘발성이 낮고 보류성이 풍부한 우디 계열, 머스크 계열, 발삼 계열, 오리엔탈 계열이 대표적이다.

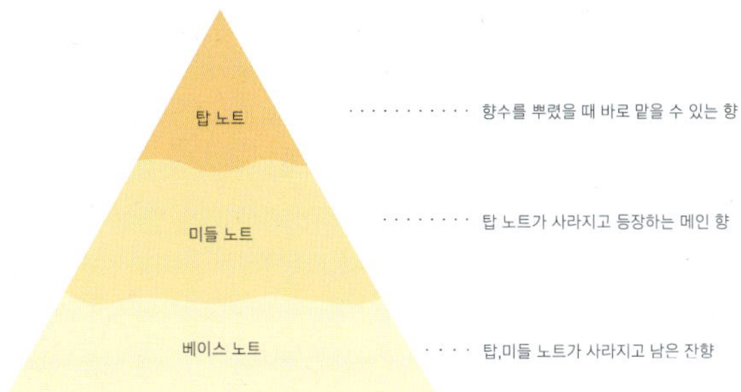

3 계열에 따른 분류

1_시트러스 계열(Citrus)

레몬, 오렌지, 버가못, 라임, 자몽, 만다린 등의 감귤과에 속하는 성분으로 상큼하고 가벼운 느낌의 향으로 여름 향수에 많이 사용되는 탑 노트 계열의 향이다.

2_그린 계열(Green)

풀을 벨 때 나는 자연의 향기로 시원하고 상쾌한 느낌을 주는 탑 노트 계열의 향으로, 사계절 내내 사용이 가능한 고급 향이다. 바이올렛 추출물, 피스타치아, 렌티스쿠스, 갈바늄 등이 대표적이다.

3_플로랄 계열(Floral)

꽃에서 추출하는 향으로 향수에 가장 많이 사용되는 향수의 원료로 미들 노트 계열의 향이다. 향이 진하지 않고 거부감이 적으며 달콤한 향을 내는 것이 특징이다. 장미, 재스민, 라일락, 네롤리, 일랑일랑 등의 단일 향을 사용하는 싱글 플로랄 계열과 두 가지 이상의 꽃향기를 모아 놓은 플로랄 부케 계열로 나눌 수 있다.

4_오리엔탈 계열(Oriental)

동양의 신비롭고 에로틱한 이미지를 표현한 향으로 식물의 수지와 동물의 향료를 주조로 만들어 여성의 신비함과 우아함을 표현하는데 주로 사용되는 향이다. 주로 밤에 사용하기 적당하며 다량 사용 시 강한 향으로 불쾌감을 유발할 수 있어 사용 시 주의하여야 한다.

5_시프레 계열(Chypre)

지중해의 사이프러스 섬에서 느낀 향의 이미지를 따서 붙인 코티사의 '시프레' 향수에서 유래한 이름이다. 떡갈나무에서 서식하는 이끼인 오크모스, 버가못, 장미, 머스크 등 식물성 향과 동물성 향이 조화를 이룬 향을 이야기한다. 남성 향수나 여름용 여성 향수에 많이 사용되는 성숙한 향이다.

6_스파이시 계열(Spicy)

시나몬, 정향나무, 너트맥, 후추 등 향긋하고 톡 쏘는 느낌의 자극적인 향을 말하는데, 플로랄 계열이나 우디 계열의 향에 깊이를 더할 때 사용되는 향이다. 남성용 향수에 주로 사용된다.

7_우디 계열(Woody)

나무껍질, 향목 등나무를 연상시키는 은은한 향으로 전조하고 중후하며 고상한 향으로 주로 겨울에 많이 사용되는 향이다. 샌달우드, 파인, 시더우드, 패츄리 등이 대표적이며 남성 화장품에 많이 배합되는 향이다.

3 천연향의 추출 방법

향을 추출하는 방법은 증류법이 가장 널리 사용되며, 시트러스 계열의 향은 압착법으로 추출하고 기타 용매 추출법 등이 사용된다.

1 수증기 증류법(Distillation)

식물의 꽃, 줄기, 껍질, 씨앗, 이끼, 풀 등을 모아 증기솥에 넣고 수증기를 통과시켜 향을 얻어내는 방법으로, 향을 추출하는 방법 중 가장 많이 사용되는 방법이다. 식물에 수증기 또는 뜨거운 물을 직접 접촉시켜 식물세포가 파괴되면서 세포 안에 들어있던 향을 수증기와 같이 증류하여 얻어내는 것으로, 이 방법의 경우 온도가 높은 상태에서만 향을 얻어낼 수 있어서 열에 민감한 식물의 추출 방법으로 쓰기에 부적합하다.

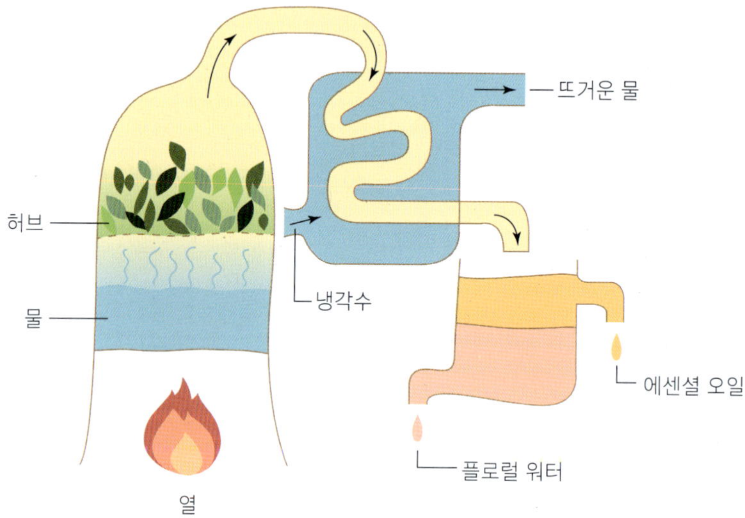

2 압착법

시트러스 계열인 레몬, 오렌지, 버가못, 탄저린 등의 과일 껍질을 압착하여 향을 추출하는 방법으로, 열에 약한 식물의 향을 추출할 때 주로 사용한다. 순수 성분과 영양분을 파괴시키지 않고 추출할 수 있는 장점이 있지만 쉽게 변질되는 단점이 있다.

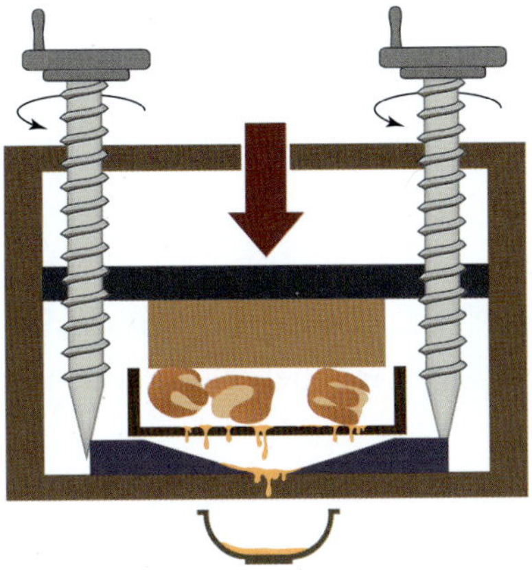

3 용매 추출법

휘발성 용매제인 벤젠, 에테르, 알코올이나 비휘발성 용매제인 우지나 돈지 등에 꽃이나 수지 등을 넣어 왁스 형태의 물질을 얻은 후 에탄올을 가하여 에탄올에 녹는 물질만을 얻어내는 방법으로 향을 추출한다. 주로 열에 불안정한 꽃에서 향을 추출할 때 사용되는 방법으로, 식물의 향기 물질이 증기, 고온, 압력을 가할 때 쉽게 파괴되고 얻어지는 양이 적을 때 사용한다. 동물성 향을 채취하기에는 부적합하다.

1_휘발성 용매 추출법

휘발성 용매제인 벤젠, 에테르, 알코올 등에 추출할 식물의 부위를 잘라 넣어 냉·암소에 보관하여 침착시켜 향 성분을 녹여내는 방법이다. 용매로 향기 성분을 우려낸 후 녹여내면 왁스가 함유된 고형 물질이 얻어지는데 이를 콘크리트(Concrete)라고 하며, 여기에 에탄올을 가하여 왁스를 제거하고 여과시킨 향을 앱솔루트(Absolute)라고 한다.

휘발성 용매 추출법은 휘발성 유기 용매제를 완전히 제거하기 어려운 단점이 있다.

2_비휘발성 용매 추출법

동·식물의 유지를 이용하여 추출하는 방법으로 온도를 가하지 않는 냉침법과 가온을 해주는 온침법이 있다.

냉침법은 유리판에 동·식물의 유지를 발라 식물을 올려두고 24시간마다 위치를 바꾸어가며 며칠간 실시하면 유지에 향 성분이 흡수되는데, 이를 포마드(Pomade)라고 하며 여기에 에탄올을 가하여 앱솔루트(Absolute)를 얻는다.

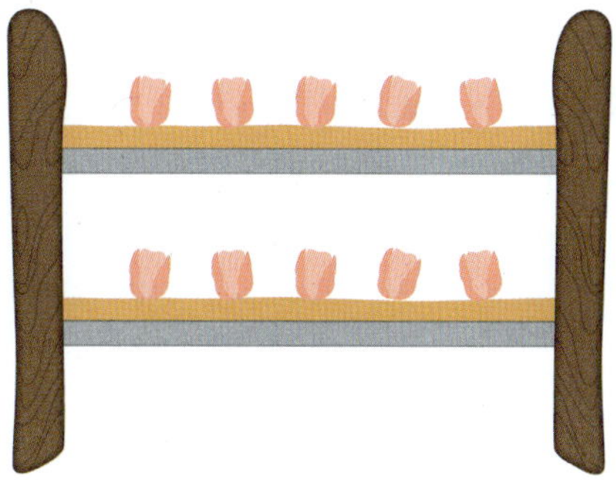

온침법은 동·식물의 유지를 가열한 후 꽃잎을 넣어 유지에 향이 스며들게 한 후 에탄올을 이용하여 정제하는 방법이다.

비휘발성 용매 추출법은 시간과 노동력이 많이 필요하나, 용매를 제거하지 않아도 되는 장점이 있다.

4 아로마 테라피 (Aroma Therapy)

1 아로마 테라피란?

아로마 테라피란 향기를 의미하는 아로마(Aroma)와 치료를 의미하는 테라피(Therapy)의 합성어로, 약용식물인 허브에서 추출하는 에센셜 오일을 이용하여 몸과 마음을 건강하게 관리하는 향기요법이다.

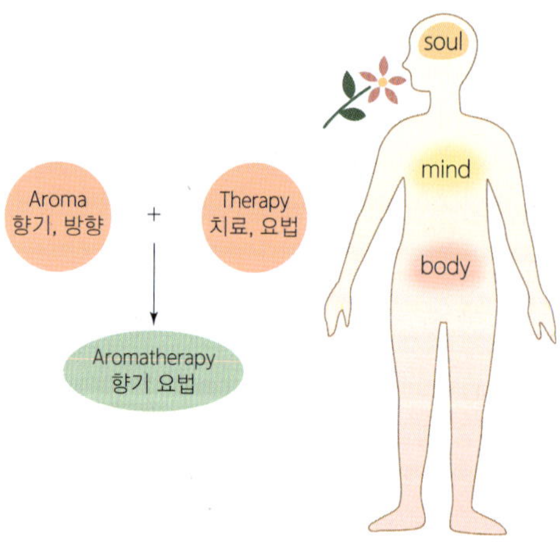

허브의 꽃, 줄기, 잎, 뿌리, 열매 등에서 추출한 에센셜 오일을 마사지나 목욕, 호흡 등을 통하여 체내에 침투 및 흡입시켜 호르몬의 조절과 생체 리듬을 정상화시켜 심신을 안정화할 뿐 아니라 자가면역을 강화하여 질병을 치료하거나 예방하는 효과가 있다.

피부와 호흡을 통하여 흡수된 에센셜 오일의 향은 뇌로 전달되어 신체적인 측면과 정신적인 측면 모두에 영향을 미치는데, 신체적으로는 면역력을 증가시켜 병에 대한 저항성을 증가시켜 면역력을 높여 주고, 각종 미생물에 대한 감염 예방 효과가 있으며, 정신적인 측면으로는 우울증이나 불면증 해소 등에 도움을 줄 수 있다.

아로마 테라피는 대체의학의 한 분야로서 현대의학이 관리하기 어려운 만성 질환에 내과적 적용이 이루어져 보조 치료방법으로도 많이 활용되고 있는데, 향을 이용한 치료방법이 현대인들의 스트레스로 인한 정신적 질환에 효과가 좋아 최근에는 정신과에서도 보조 치료방법으로 많이 활용하고 있다.

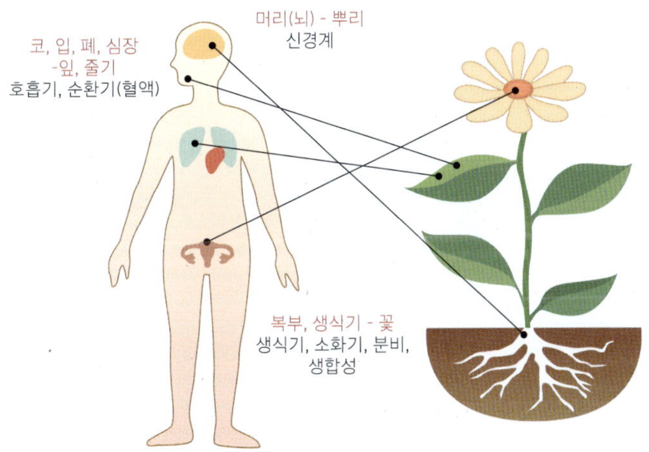

참고 : "Human being and Plants"
by Rudolph Steiner(1861~1925)

에센셜 오일은 분자 크기가 아주 작은 친유성 물질로 후각기관에 작용하여 뇌와 중추신경계로 흡수되거나 피부를 통하여 흡수 시 바로 모세혈관을 통해 혈류에 들어가 신경계와 림프계에 영향을 미치게 된다.

에센셜 오일은 수백 가지의 천연 화학 성분으로 구성된 혼합물로서 천연 성분들의 구성과 다양한 조합에 의해 아로마 특유의 향과 기능을 가지게 된다.

에셀셜 오일을 이용하여 실시하는 아로마 테라피는 환기가 잘되는 곳에서 시행하거나 사용 후 반드시 환기를 시키는 것이 중요하며, 반드시 순수한 에센셜 오일을 사용하여야 한다. 또한 무분별하게 과도한 에센셜 오일을 사용하는 경우 두통이나 매스꺼움, 피부 자극을 일으킬 수 있으므로 주의하여야 하며, 아로마 테라피 적용 시 대상자의 건강과 심리 상태를 고려하여 에센셜 오일을 선택하는 것이 중요하다. 특히 임신 중이거나 초기의 임산부가 사용하게 되는 경우 유산을 촉진할 수 있으므로 사용 시 각별히 주의하여야 한다.

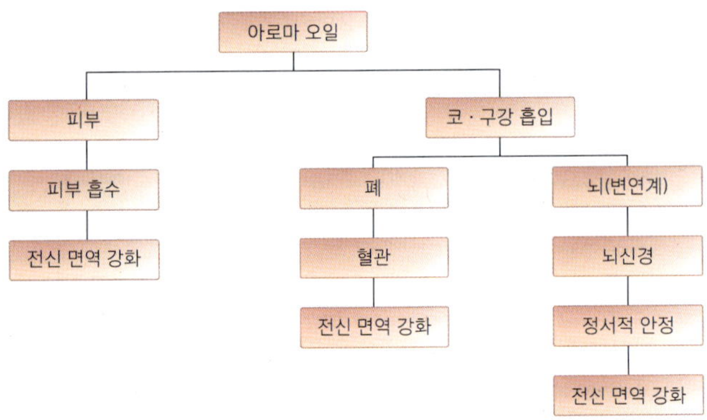

아로마 테라피를 활용한 방법으로는 발향, 흡입법, 매뉴얼 테크닉법, 목욕법 등이 있다.

1_발향법

디퓨져나 워머 발향기 등을 이용하여 실내나 침실에서 사용하는 방법으로 주로 실내 공기 청정·정화 및 밤에 수면 유도를 목적으로 사용한다.

공기 청정 및 정화의 목적으로 사용할 경우 페퍼민트나 시트러스 계열의 향을 주로 사용하며, 밤에 수면을 유도하기 위해서는 라벤더, 마조람, 네롤리, 로만 카모마일 등이 주로 사용된다.

2_흡입법

세면기 등에 따뜻한 물을 담아 3~5방울의 에센셜 오일을 떨어뜨린 후 타월로 덮어 증기가 새어 나오지 못하도록 한 후 흡입하는 방법으로 사용한다.

3_매뉴얼 테크닉

식물성 캐리어 오일과 사용 대상자의 건강 상태와 체질에 맞는 에센셜 오일을 적정 비율로 혼합하여 적용 부위에 매뉴얼 테크닉 시 오일로 실시한다. 사용 시 호호바 오일, 스윗아몬드 오일, 포도씨 오일 등의 캐리어 오일에 1~5%의 에센셜 오일을 블렌딩하여 사용한다.

4_목욕법

목욕법의 경우 흡입과 피부를 통한 이중 침투 효과를 가질 수 있는 방법으로 체온보다 높은 온도에 에센셜 오일 6~8방울을 떨어뜨린 후 10분 이상 입욕하면 효과적이다.

욕조가 없는 경우에는 족욕기에 같은 방법으로 사용하여도 좋은 효과를 기대할 수 있다.

2 아로마 테라피의 기원

아로마 테라피는 약 6000여 년 전인 고대부터 식용 및 의료, 종교의식 등에 널리 사용되었다고 전해지며, 1937년 프랑스 화학자인 르네 모리스 가뜨포세가 아로마에 대한 연구를 진행하며 처음으로 '아로마 테라피'라는 용어를 사용하게 되었다.

1_고대

고대 이집트에서는 향을 종교적, 의학적, 미용적으로 사용하였다고 전해지는데, 주변국과 서로 다른 향유를 교역하였다는 기록이 문헌을 통해 남아 있다. 또한 죽은 사람의 몸에 몰약과 송진을 발라 부패를 막아 미라로 만들었으며, 이집트의 여왕 클레오파트라는 재스민과 장미유를 이용하여 최음 효과 및 미용에 활용하였다고 전해진다.

고대 그리스의 의학자인 히포크라테스는 그의 저서에 치료 목적으로 사용될 수 있는 약용식물에 대하여 기술하였으며, 고대 로마의 네로 황제는 세계 정복을 위해 행군할 때 많은 식물들과 종자를 본국으로 가지고 와서 치유성분을 추출하여 사용하였다고 전해진다.

중국은 '황제내경'과 '본초강목'을 통하여 200여종의 약초에 대한 처방에 대해 기술하였으며, 인도는 전통의학인 아유르베다에 향기가 있는 오일이나 향신료를 이용한 마사지 치료가 사용되었다고 기록되어 전해진다.

2_중세

12세기경 이슬람교도를 정벌하고자 원정을 떠났던 십자군이 돌아오면서 동양의 진귀한 향료가 유럽으로 유입되기 시작하였으며, 순수한 아로마 오일을 추출할 수 있는 증류법이 소개되었다.

15세기 이탈리아에서는 아로마 성분을 이용한 향수를 개발하여 발전시켰고, 유럽에 퍼졌던 전염병의 확산을 막기 위하여 소나무나 로즈마리 등의 향기가 나는 식물을 태우거나 몸에 지니고 다녔다고 한다. 또한 프랑킨센스나 파인 오일을 페스트와 콜레라 등의 전염병을 막는 물질로 사용하였다고 전해진다.

3_16~17세기

16~17세기에는 다양한 목적으로 아로마를 사용하였다고 전해지는데, 특히 탈취제, 청결제, 소독제, 최음제 등으로 많이 사용하였다고 전해진다.

또한 아로마와 연계한 많은 저서들이 발간되었는데 이 중 윌리엄 콜페퍼의 저서에는 '꽃과 잎에서 추출된 에센셜 오일들은 인체 건강에 많은 도움을 주는데, 2~3방울의 오일을 코와 관자놀이에 바르면 모든 뇌 질환과 내과 질환에 탁월한 효과가 있다'고 기록되어 있어 이 시기에 에센셜 오일이 다양한 치료에 활용되고 있음을 알 수 있다.

이후 17세기 후반 루이 14세 때부터 전 유럽으로 확산되어 붐을 이루며 에센셜 오일이 사용되었다.

4_19세기

이 시기에는 많은 화학자들이 에센셜 오일의 화학 성분을 알아내면서 합성오일의 활발한 연구와 현대 약학산업의 기반을 마련하는 계기가 되었다.

그러나 19세기말 현대의학과 화학의 발달로 아로마 테라피를 이용한 치료방법은 대체요법의 일환으로 축소되기 시작하였고, 합성 향수가 저렴한 가격으로 생산되면서 전통적 아로마 테라피는 쇠퇴기에 접어들게 되었다.

5_20세기

현대 아로마 테라피의 아버지라 불리우는 프랑스 화학자인 르네 모리스 가뜨포세는 우연한 기회로 실험 도중 화상을 입게 되어 주변에 있던 라벤더 오일에 급히 손을 담가 두었는데, 이때 화상 부위의 통증이 빠르게 완화되고 화상 부위가 가라앉는 것을 발견하고 본격적으로 아로마 테라피에 대해 연구를 시작하게 되었다. 이후 단일 성분일 때보다 두 가지 이상의 오일이 혼합되었을 때 더 우수한 치료 효과를 나타낸다는 사실을 발견하면서 다양한 오일의 블렌딩 방법에 대해 연구하게 되었다.

이후 1950년대 영국의 마가렛 모리 여사에 의해 최초로 아로마 테라피를 이용한 피부미용법이 소개되었는데, 에센셜 오일을 마사지에 적용하여 에센셜 오일의 피부재생에 대하여 연구하였고, 이후 아로마 테라피 클리닉을 설립하게 되었다.

1985년 국제 아로마 협회인 IFA(International Federation of Aromatherapiats)가 창립되어 현재까지 운영되고 있다.

최근 현대인들의 정신적 스트레스와 만성 질환이 많아지면서 대체의학과 함께 아로마 테라피가 새롭게 부각되고 있다.

6_한국의 아로마 테라피

허준의 '동의보감'을 통해 향을 이용한 치료법에 대한 기록이 남아 있으며, 질병을 예방하거나 많은 약리 작용으로 약용식물을 이용한 기록이 남아 있다.

현재는 약재뿐 아니라 음식이나 술, 민간요법 등에도 다양하게 활용되며, 약용식물인 허브의 효능이나 아로마 테라피를 이용한 다양한 방법이 폭넓게 늘어나고 있다.

3 아로마(에센셜) 오일(Aroma(Essential) Oil)

약용식물이라 불리는 허브는 지구상에 2,000~3,000가지 정도가 있다고 하며, 허브에서 추출하는 에센셜 오일(Essential Oil)은 허브의 꽃, 줄기, 열매, 잎, 뿌리 등에서 추출한 오일을 정제한 100% 천연의 방향성 오일로 정유라고도 한다. 이렇게 추출된 에센셜 오일은 추출한 식물 자체보다 더욱 강력한 효능을 가지고 있는 장점이 있다.

일반적으로 에센셜 오일은 호흡기와 피부를 통하여 흡수되는데, 각종 질병 예방과 개선에 도움을 주며 다양한 효능 중 대표적으로 방부 및 항균 효과, 진통 및 진정 효과 등이 있다.

에센셜 오일은 반드시 약용식물인 허브에서 추출하여야 하며 그로 인한 약리 효과를 가지고 있어야 한다.

에센셜 오일은 추출한 허브에 따라 독특한 향을 가지고 있으며, 추출 시 액체이지만 휘발성이 강한 증기의 성상을 가지고 있어야 한다. 또한 빛과 pH, 산소, 열에 약하며 물에는 잘 녹지 않으나 알코올이나 지방에 잘 녹는 성질을 가지고 있다.

그러나 에센셜 오일을 사용할 때는 반드시 전문적 지식을 가지고 사용 용량을 정확히 지켜 캐리어 오일에 희석해서 사용하여야 하며, 고농축된 오일인 만큼 점막에 자극을 줄 수 있기 때문에 사용 시 눈 주변에 닿지 않도록 주의하고, 사용 전 패치 테스트를 실시하는 것이 안전하게 사용할 수 있는 방법이다.

주로 사용되는 대표적인 에센셜 오일의 종류와 효능은 다음과 같다.

1_버가못(bergamot)

감귤과 배의 잡종인 이탈리아산 감귤의 일종으로 이탈리아의 도시 '베르가모'에서 유래된 이름이다. 시트러스 계열로 버가못 열매의 껍질을 냉각 압착하여 추출한다.

옅은 빛깔의 녹색을 띤 갈색 계열의 노란색 액체로, 사용 후 햇빛에 노출 시 일광 알레르기를 일으킬 수 있으므로 사용 시 주의하여야 한다.

주요 효능으로 피지 제거, 모공 수축, 근육 이완, 항우울증, 스트레스 완화 등이 있다.

주요 원산지는 이탈리아, 모로코 등이다.

2_카모마일(chamomile)

카모마일의 종류에는 1년 초인 카모마일 저먼과 다년초인 카모마일 로만이 있는데, 아즐렌의 함량이 높은 카모마일 로만이 효과가 좋아 비싼 가격에 판매된다. 카모마일꽃을 수증기 증류하여 추출한다. 추출된 오일은 짙은 청색을 띠어 블루 카모마일이라고 불리기도 한다.

에센셜 오일 중 독성이 적어 어린이가 사용할 만큼 안전하다.

주요 효능으로 피부 진정, 혈관 수축, 수렴, 소염, 살균기능이 있으며 가벼운 탈취 효과가 있다.

주요 원산지는 독일, 헝가리, 프랑스 등이다.

3_클라리 세이지(clary sage)

클라리 세이지는 눈의 치료에 주로 사용되었던 식물로, 꽃봉우리와 꽃잎을 수증기 증류 방법으로 추출하는 오일로 무색 또는 노란색을 띤다.

주요 효능으로 피부재생에 따른 주름 완화 효과가 있어 노화 피부에 많이 사용되며, 여성 호르몬과 유사 작용이 있어 생리 주기를 정상화하는 효과가 있다. 살균 및 피지 조절 효과가 있어서 지루성 피부 관리에 많이 사용된다.

주요 원산지로는 지중해 연안, 프랑스, 모로코, 러시아 등이다.

4_사이프러스(cypress)

사이프러스는 지중해 연안에 널리 분포되어 있으며 사이프러스 나무를 숭배하던 Cyprus 섬의 이름에서 유래하였다. 달콤한 나무향을 가지고 있는 투명 또는 연초록의 노란 오일로 사이프러스 나무의 잎을 수증기 증류하여 추출한다.

주요 효능으로는 지성피부, 지성두피·모발에 탈지 수렴 효과가 있으며, 셀룰라이트 분해 효과가 있어 비만 관리에 효과적이다. 수렴 및 혈행 촉진, 스트레스 완화 효과 등이 있다.

주요 원산지는 지중해 연안, 유고슬라비아, 알제리 등이다.

5_유칼립투스(eucalyptus)

유칼립투스를 추출하는 유칼리나무는 세계에서 가장 큰 나무 중 하나로 높이가 약 100m까지 자라며, 유칼리나무의 잎은 호주 원주민들이 상처치유에 널리 사용되었다고 전해진다. 호주에 서식하는 코알라는 유칼리나무의 잎을 먹고 사는 동물로 유명하다. 무색투명하며 약간의 녹색을 띤 오일로 유칼리나무의 잎을 수증기 증류하여 추출한다.

주요 효능으로는 소염, 살균, 방부 효과가 있으며 피부에 청량감 및 근육통 완화 효과가 있다. 머리를 맑게 하고 집중력을 향상시키며 감기, 천식 등에 항바이러스 효과 및 각종 염증 억제 효과 등이 탁월하다.

주요 원산지는 호주 등이다.

6_프랑킨센스(frankin cense)

유향나무의 줄기에서 뽑아낸 점액질을 건조시켜 굳힌 것을 '유향'이라고 하는데, 이를 수증기 증류 방법으로 추출하여 얻은 오일을 '프랑킨센스 오일'이라고 한다. 무색 또는 노란색의 액체로 신선한 느낌의 엷은 발삼 향취를 내며, 종교적 의미로 사용되는 신성한 오일이다.

주요 효능으로는 소염, 수렴, 진통 효과가 있으며 세포재생 촉진 효과를 통해 피부재생 효과가 있다. 마음을 진정시키고 정신적 치료에도 효과적이다.

주요 원산지는 소말리아, 북동 아프리카, 중국 등이다.

7_제라늄(geranium)

양 아욱이라 불리는 제라늄은 강한 향기를 가지고 있는 식물로 아프리카에서 시작하여 17세기 이후에 유럽과 러시아로 전해지게 되었다. 제라늄의 잎을 수증기 증류 방법으로 추출한다.

주요 효능으로는 수렴, 진통 효과 및 피부염 치료 효과가 있으며 지성피부의 정화 작용이 있다. 지혈 및 림프계와 순환계 흐름을 촉진하여 노폐물 제거 효과가 있으며, 스트레스 해소 및 호르몬의 균형을 통해 여성들의 생리 주기를 정상화하는 효과가 있다.

주요 원산지로는 이집트, 러시아 등이다.

8 _ 재스민(jasmin)

해가 진 후 그 꽃의 향기가 더욱 진해져 '밤의 여왕'이라고 불리는 재스민꽃을 용매 추출이나 수증기 증류 방법을 통하여 추출하는 우아하고 고급스러운 향취의 오일이다.

주요 효능으로는 호르몬의 밸런스를 조절하여 중년여성들의 피부 재생 효과가 있으며, 긴장 완화, 정서적 안정 효과 등이 있다. 정신적 스트레스를 완화하며 자궁의 강장 작용 및 모유 분비 촉진 효과가 있다. 자궁 수축을 촉진하여 출산을 돕는 역할이 있어 유산위험이 있는 임신 초기에는 사용하지 않는 것이 좋다.

주요 원산지로는 모로코, 인도, 이집트 등이다.

9_라벤더(lavender)

고대 로마 사람들은 라벤더꽃을 목욕탕에 넣어 몸을 향기롭게 하였고, 세탁물에 향기를 내기 위해 사용하였다. 또한 모기 등의 해충을 쫓는 용도로 사용하거나, 화상 치료에 사용하였다. 라벤더 오일은 라벤더꽃을 수증기 증류 방법으로 추출하거나 용매추출을 통해 추출한다. 수증기 증류 방법으로 얻어진 오일은 노란색 오일이나, 용매추출로 얻어진 라벤더 앱솔루트는 어두운 녹색을 띤다.

주요 효능으로는 피부 진정 효과 및 소염, 항박테리아 작용이 있어 피부질환에 널리 사용된다. 아로마를 대표하는 오일로 심신 안정 및 불면증, 항우울증, 혈압 조절 등의 다양한 기능을 가지고 있다.

대표적인 원산지로는 프랑스, 스페인, 영국 등이다.

10_ 레몬(lemon)

레몬은 중세 십자군에 의해 아시아에서 유럽으로 전파되었으며 현재는 미국 캘리포니아 지역에서 재배되고 있다. 레몬 오일은 레몬껍질을 냉각 압착하거나 수증기 증류 방법으로 추출한다.

주요 효능으로는 살균 작용, 피지 조절 및 수렴 효과, 미백 효과 등이 있으며, 머리를 맑게 하여 집중력 및 기억력 향상 효과가 있다.

주요 원산지로는 미국, 아르헨티나 등이다.

11_네롤리(neroli)

'등화유' 또는 '오렌지 플라워 오일'이라고도 하며 1670년경 네롤리 왕가의 백작 부인에 의해 처음 사용되어 '네롤리 오일'이라고 불리게 되었다. 오렌지꽃을 수증기 증류 방법이나 용매 방법으로 추출한다. 수증기 증류 방법으로 추출 시 노란색 오일이나 용매 방법으로 얻어지는 오렌지 플라워 앱솔루트는 암갈색 또는 짙은 황색을 띤다.

주요 효능으로는 세포재생 효과 및 튼살 완화 효과, 불면증 및 스트레스 완화 효과 등이 있다.

주요 원산지로는 이탈리아, 이집트, 모로코, 아르헨티나, 알제리, 프랑스 등이다.

12_페퍼민트(peppermint)

박하라고도 하며 멘톨을 함유하고 있어 상쾌한 향기와 청량감 등이 있어 화장품뿐 아니라 치약, 껌 등 식품 및 생활품에도 다양하게 사용되고 있다. 민트잎을 수증기 증류 방법으로 추출하는 투명한 오일이다.

주요 효능으로는 피지 조절 및 순환 촉진을 통한 피부 활력 및 비만에 효과적이다. 항염증, 항박테리아 효과, 소화 촉진 및 호흡기 질환 예방 효과가 있고 통증 완화 효과가 있다.

주요 원산지로는 유럽, 북아메리카 등이다.

13 _로즈(rose)

장미꽃을 수증기 증류 방법이나 용매 방법을 이용하여 추출한다. 수증기 증류 방법으로 추출 시 무색 또는 노란색의 오일이나 용매 추출 방법으로 얻어지는 로즈 앱솔루트는 황색 또는 황갈색을 나타낸다.

주요 효능으로는 피부재생이 뛰어나며 감정 조절 효과 및 스트레스 완화 효과가 있다. 호르몬 밸런스 효과가 있어 갱년기 여성들에게 효과적이나 임산부는 사용하지 않는 것이 좋다. 수렴, 진정 효과 및 항염 효과 등이 있다.

주요 원산지로는 불가리아, 터키, 모로코, 프랑스, 이탈리아 등이다.

14_로즈마리(rosemary)

로즈마리가 물을 좋아하는 성질이 있어 '바다의 장미'라고도 한다. 로즈마리꽃과 잎을 수증기 증류하여 추출하는데, 로즈마리잎은 꽃이 피기 직전에 따는 것이 효과적이다. 강하고 시원한 발삼의 우디향으로 무색 또는 연한 노란색을 띤다.

주요 효능으로는 섬유아세포 생성 촉진을 통한 피부재생 및 림프순환 촉진 효과가 있으며, 기억력 증가 및 두통 완화 효과가 있다. 혈행 촉진, 항균, 방부, 염증 완화 효과가 있다. 비듬 탈모 예방에 효과적이다.

주요 원산지로는 프랑스, 스페인, 유고슬라비아 등이다.

15_샌달우드(sandalwood)

샌달나무는 백단목이라고도 하며 종교의식에 사용되는 나무이다. 목질부의 내부 중심부인 심재를 수증기 증류 방법으로 추출하는 오일이며, 우디 발삼의 달콤한 나무향으로 노란색 및 갈색을 띤다.

주요 효능으로는 피부 진정 및 건조 예방 효과가 있어 건성피부, 노화피부, 수분이 부족한 수분 건성피부에 주로 사용한다. 소염 작용이 있어서 가려움증 완화 및 피부염 치료 효과가 있고 행복감 고취 및 명상 시 사용하면 효과적이다.

주요 원산지로는 인도, 말레이시아 등이다.

16_티트리(teatree)

1770년 영국의 쿡 선장이 호주에서 티트리나무를 발견하여 영국으로 가지고 가서 잎을 차로 사용한 것에 유래하여 '티트리'라고 불린다. 티트리의 잎을 잘라 수증기 증류 방법으로 추출하는 연한 노란색의 오일이다.

주요 효능으로 살균 소독 작용이 강하여 여드름 피부에 주로 사용하며 감염을 일으키는 질병에 효과적이다. 상처나 질병의 통증을 완화하며 우울한 기분을 상쾌하게 한다. 민감한 피부에는 사용하지 않는 것이 좋다.

주요 원산지는 호주이다.

17_일랑일랑(ylang-ylang)

'꽃 중의 꽃'이라는 말레이시아어에서 유래된 것으로 일랑일랑은 나무에 주렁주렁 매달려 나부끼는 꽃의 모양에서 나온 말이다. 최음성이 강해 말레이시아에서는 꽃잎을 신혼 첫날밤 침실에 뿌리는 오래된 풍습이 있다. 일랑일랑나무의 꽃을 수증기 증류 방법으로 추출하는데, 달콤한 후로랄 발삼의 스파이시향으로 걸쭉하고 연한 노란색 혹은 녹색의 오일이다.

주요 효능으로 피지 분비 조절 기능이 있어 주로 지성 피부에 사용하며 피부 정화 작용이 우수하다. 스트레스 완화 효과 및 호흡 진정 효과가 있다. 알레르기가 있을 수 있어 예민한 피부는 사용하지 않는 것이 좋다.

주요 원산지로는 필리핀, 말레이시아, 마다가스카르 등이다.

4 캐리어 오일(Carrier Oil)

캐리어 오일은 식물성 오일로 베이스 오일(Base Oil)이라고도 하며 에센셜 오일을 희석하여 매뉴얼 테크닉을 진행할 때 사용하는 오일이다.

캐리어 오일은 휘발성이 없고 향이 없어야 하며, 에센셜 오일의 자극을 낮추고 피부 흡수를 촉진하는 효과가 있어야 한다.

또한 불포화 지방산 함량이 높아 공기 중에 노출 시 산패되기 쉬우므로 반드시 밀봉하여 냉암소에 보관하여야 한다.

많이 사용되는 캐리어 오일의 종류와 특징은 다음과 같다.

1 _ 아보카도 오일(avocado oil)

아보카도나무의 서양배와 같이 생긴 열매에서 추출하는 오일로 대부분의 식물성 오일과 다르게 아보카도 오일은 씨에서 얻어지지 않고 과육에서 얻어지는 오일로, 다른 캐리어 오일에 비해 추출하기 쉬운 오일 중 하나이다. 또한 고대 문명인들에 의해 추출되어 사용된 대표적 오일로 멕시코와 미국에 거주하던 부족민들에 의해 널리 사용된 미용 오일이다.

주요 구성 성분은 올레인산, 리놀산, 리놀렌산 등의 불포화 지방산이며, 이외에도 비타민 A, 비타민 B 복합체, 비타민 E, 레시틴, 피토스테롤 등을 함유하고 있다.

피부 유연 효과가 뛰어나고 건조하고 민감한 피부를 진정시키고 치유하는 효과가 있다. 섬유아세포를 활성화하여 피부재생을 도와 노화 피부에도 효과적이다.

그러나 불포화 지방산 함량이 높아 쉽게 산화될 수 있어 보관 시 밀봉하여 냉장 보관하는 등 보관상 주의하여야 한다.

2_호호바 오일(jojoba oil)

미국 서남부와 멕시코 건조 지대에 자생하는 화양목과에 속하는 가죽질의 잎을 가진 관목으로 높이가 최대 3m 정도이다. 호호바 오일은 이 관목의 열매를 냉동 압착하여 추출한다. 비누, 샴푸, 크림 등 다양한 화장품의 유성원료로 사용되는 오일이다. 화학적으로 다른 식물에 비해 불포화 지방산이 적고 액체 왁스 구조를 하고 있어 안정성이 뛰어나다. 특히 피부의 피지 성분과 유사하여 피부 친화력이 좋고 끈적이지 않아 마사지용 오일이나 아로마 테라피용 캐리어 오일로도 많이 사용된다.

항균 작용이 있어 여드름 피부도 사용이 가능하며 쉽게 산화되지 않고 모공에 침투성이 좋아 모공 속 노폐물 제거에 용이하여 지성피부에도 효과적이며, 유아용 화장품부터 지성용 화장품까지 모두 사용이 가능하다.

3_ 올리브 오일(olive oil)

올리브 나무 열매에서 얻어지는 오일로 '감람유'라고도 한다. 주요 산지는 지중해 연안, 북아프리카, 이탈리아 등으로 우리나라에서는 자라지 않아 최근 화장품 및 식품에 많이 사용되면서 원료를 수입하고 있는 실정이다.

올리브 열매에서 추출되는 올리브유는 자외선을 차단하는 효과가 있어서 선텐 오일의 유성원료로 사용되기도 한다. 주요 성분으로 올레인산과 리놀산 등의 불포화 지방산과 식물성 스쿠알렌을 함유하고 있으며, 항산화제인 폴리페놀 성분이 함유되어 있다.

4_스위트 아몬드 오일(sweet almond oil)

아몬드는 아시아 남서부가 원산지인 교목으로 씨가 단맛을 내는 것과 쓴맛을 내는 것 두 가지가 있다. 단맛을 내는 아몬드를 스위트 아몬드라고 하는데 화장품에는 주로 이것이 사용된다. 스위트 아몬드 씨에서 추출한 아몬드 오일은 약간 노란색을 띠며 주요 성분으로 비타민 A, 비타민 B2, 비타민 E 및 올레인산과 리놀산 등의 불포화 지방산을 함유하고 있다. 모든 피부에 사용이 가능하나 특히 수분이 부족한 건성피부에 효과적이고 크림이나 마사지 오일의 유성원료로 사용된다.

5_윗점 오일(weat germ oil)

맥류 중 소맥인 밀의 씨눈을 건조시킨 뒤 나선형 압착기로 압착하여 얻어진 기름으로, 맥아 오일 또는 윗점 오일이라고 한다. 윗점 오일은 담황색의 투명한 오일로 점성이 있다.

주요 성분으로 비타민 A와 비타민 E 함량이 높아 항산화 효과가 뛰어나며, 이외에도 비타민 B 복합체, 레시틴, 피토스테롤, 단백질, 리놀산, 올레인산 등의 불포화 지방산 등이 함유되어 있다. 건성, 노화피부에 사용 시 효과적이며 습진이나 건선 등의 치유 효과, 임신선과 흉터 완화 효과, 피부 탄력 촉진 및 재생 효과가 있다. 그러나 너무 민감한 피부는 알레르기를 일으킬 수 있으므로 사용 시 주의하는 것이 좋다.

참고문헌

고재숙 외(2017). 피부과학. 수문사.

권혜영 외(2016). NEW 피부과학. 메디시언.

김경영 외(2016). 수정판 에센스 화장품학. 메디시언.

김경영 외(2020). 한 권으로 끝내는 화장품학. 메디시언.

김문주 외(2007). Medical Skin Care. 청구문화사.

김수경 외(2018). 아로마테라피. 빅애플.

김주덕, 신정은 공저(2013). 최신 화장품학. 곽문각.

사단법인 국제두피모발협회(2019). NCS를 활용한 두피모발관리학. 군자출판사.

장윤정 외(2019). 에센스 아로마테라피. 메디시언.

최선화 외(2022). NCS기반 몸매균형관리학. 구민사.

하병조(2010). 화장품학. 수문사.

한국화장품전문가협회(2023). 2023 맞춤형화장품 조제관리사.

식품의약품안전처